JN233709

パワーアップ
複素関数

渡邊 芳英・著

共立出版株式会社

はじめに

　本書はパワーアップシリーズの一冊として企画されたもので，工学部で複素関数論を教えるための教科書として書かれた．私が関数論を最初に学んだ教科書は吉田洋一の関数論（岩波全書）である．したがって，本書はこの名著の影響を強く受けている．この本は点集合，積分，級数といった基礎的な事項から始めて，かなり専門的な話題までを，丁寧に述べた本である．この本の前半の約半分を占める I 章から VII 章の部分が本書で扱う内容に対応する．この本の第 1 版の出版は 1938 年，第 2 版の出版が 1965 年であり，今読み直してみると，記述はやや古めかしさが感じられる．本書は，吉田洋一の教科書の前半部の内容を，現代の標準的な教科書であるアールフォルス (Ahlfors) の Complex Analysis に近い流儀で解説し，さらに，練習問題をつけたものといってよいだろう．もちろんアールフォルスの教科書は本書とは比べることができないほど本格的な教科書であり，本書よりもさらに現代的な視点で書かれており，現代数学社から笠原乾吉氏による訳も出ているので，本書で学ばれて関数論に興味をもたれた読者は是非一度手にとって見られることをお勧めしたい．

　本書においては，複素関数論の基礎部分について，後でもっと本格的な教科書を読む際に少しでも役に立つように，なるべく手を抜かずに丁寧に説明したつもりである．しかし，いま見直してみると，ある部分では多少詳しく書きすぎて，工学部の講義の内容としては程度が高すぎるところも見受けられる．そのような部分は，＊印をつけているので，最初に読むときは省略して読むこともできるであろう．しかしその部分は他の類書よりはかなり丁寧に書いたつもりなので，時間をかければ理解できると思う．

　本書の特徴として，問題の数はそれほど多くはないが，様々な基本的な問題

を収録していることを挙げてよいと思う．本書の問題は本文中にある問題と，章末の練習問題に分けられる．本文中の問題は本文の理解を深めたり，補足するために挿入したものが多く，ある意味で本文の一部であり，多くは基本的だが，なかには数学的な考え方に慣れていないと少し難しいものもあるかもしれない．そのような場合には，解答を読むだけでもよいから，できれば，一応は目を通してほしい．また，章末の練習問題は主に，章の内容の理解を確かめるための問題が大半で，易しいものから，少し難しいものまで様々なレベルの問題が含まれている．易しい問題に対してもかなり詳しい解答をつけているので，問題量はやや少ないかもしれないが，演習書の役割も果たせるのではないかと考えている．

本書では，関数論の基本事項に多くの紙面を費やしたため，当初考えていた，リーマン面，一次分数変換，等角写像等についての記述はすべて省いた．言い訳をするなら，工学部で通常行われている半年の講義ではこのようなやや発展的な話題について講義することは到底不可能であり，教科書としてはこの程度で十分使えると思っている．さらに学びたい読者は上で述べた吉田洋一やアールフォルスの教科書を読んでいただきたい．そのための準備は本書で十分できていると思う．

本書は半年の教科書としてはかなり分量が多い．筆者の同志社大学工学部電気系での複素解析の講義では，1.3 節の一般位相の部分はなるべく簡単に済ませ，2 章の開集合を用いた連続写像の特徴づけは省略，また 3 章はベキ級数と初等関数の部分だけを講義している．それでも前半 3 章で全体の半分以上の講義時間が費やされる．残り半分以下の講義時間で，コーシーの積分定理，積分表示，正則関数の性質，有理型関数，特異点，留数と講義し，留数定理を用いた積分計算の例をいくつか説明して時間切れとなる．実際にこの内容を 1 セメスター 13 コマ程度で講義するのは大変で，かなり駆け足になる．

本書を仕上げるにあたって，多くの方々に原稿を読んでいただき，様々なご意見をいただいたことに感謝申し上げる．とくに原稿の最終段階で詳しく原稿をお読み頂いた査読者である薩摩先生，森本先生にはお世話になった．この場を借りて感謝の意を表したい．

この本を執筆することをお引き受けして，もはや 6 年近い歳月が流れた．こ

の間私は広島大学から，同志社大学に移り，しばらく多忙であったこと，また自分自身の怠惰のせいで本の完成が大幅に遅れてしまった．その間常に励ましていただいた共立出版(株)の赤城圭さんに最後に感謝の言葉を申し上げたい．

2001年3月

著　者

目 次

1. **複素数と複素平面** **1**
   - 1.1 実数から複素数へ 1
   - 1.2 複 素 平 面 8
   - 1.3 複素平面の点集合と曲線 15
   - 練 習 問 題 23

2. **複素関数の微分** **25**
   - 2.1 複素関数の連続性 25
   - 2.2 複素関数の微分 31
   - 2.3 正則関数と等角写像 35
   - 練 習 問 題 42

3. **無限級数と初等関数** **44**
   - 3.1 無 限 級 数 44
   - 3.2 絶対収束級数と正項級数 47
   - 3.3 関数項級数と一様収束 51
   - 3.4 ベ キ 級 数 55
   - 3.5 初 等 関 数 62
   - 練 習 問 題 67

4. **複素積分とコーシーの積分定理** **69**
   - 4.1 曲線と線積分 69
   - 4.2 複 素 積 分 75

4.3　コーシーの積分定理と積分表示 ································· 80
　　練習問題 ··· 90

5. 正則関数 ··· **92**
　　5.1　正則関数の解析性と一致の定理 ································ 92
　　5.2　リウヴィルの定理・最大値の原理 ······························ 98
　　練習問題 ··· 103

6. 有理型関数 ·· **105**
　　6.1　ローラン展開 ·· 105
　　6.2　孤立特異点 ·· 109
　　6.3　無限遠点 ··· 115
　　練習問題 ··· 119

7. 留　数 ··· **121**
　　7.1　留　数 ·· 121
　　7.2　定積分の計算について ·· 126
　　7.3　偏角の原理とルーシェの定理 ·································· 134
　　練習問題 ··· 146

関連図書 ·· 149
問題解答 ·· 150
練習問題解答 ·· 161
索　引 ··· 187

1 複素数と複素平面

1.1 実数から複素数へ

　小学生が初めて習う（ひょっとしたらこの頃では幼稚園で習うのかもしれないけれども）数は $1, 2, 3, \ldots$ であり，これらは自然数または正の整数と呼ばれる．自然数全体のなす集合を数学者は $\mathbb{N}$ と書く．自然数（の集合 $\mathbb{N}$）には加法（足し算）$+$ と乗法（かけ算）$\times$ という演算が自然に定義されている．しかし加法の逆演算である減法（引き算）と乗法の逆演算である除法（割算）は，自然数の範囲だけで考えると可能な場合と不可能な場合があることがわかる．さらに学年が進むにつれて 0 の概念や分数，小数を学び，さらに中学生になると負の数を学び，ようやく自由に四則演算ができるようになる．たぶん多くの読者が学んだ順序とはすこし異なる順序で簡単に復習しよう．

　まず各自然数 n に対して $n + (-n) = (-n) + n = 0$ をとなる数（加法に関する逆元という）$-n$ を新たに導入し，これらの新しい数を負の整数と呼ぶ．正負の整数と 0 をまとめて整数と呼び，その全体を数学者の習慣に従い，$\mathbb{Z}$ と書く．整数の間では加法とその逆演算である減法，そして乗法が自由に行われる．この事実を，$\mathbb{Z}$ は加法，減法および乗法に関して**閉じている**ということがある．$\mathbb{N}$ は加法・乗法に関しては閉じているが減法に関しては閉じてはいないのである．さらに整数の間に自然数の間の乗法を自然に拡張して，乗法を定義することができる．たとえば m, n を自然数とするとき $(-m) \cdot n = n \cdot (-m) = -mn$, $(-m) \cdot (-n) = (-n) \cdot (-m) = mn$ とするのが自然であるが，そのことを中学一年生に説明し納得させるのは，中学の数学の先生の腕のみせどころであろう（読者の皆さんはどのようにしてこの事実を納

得したか考えてみてください）．整数全体 $\mathbb{Z}$ は加減法と乗法に関して閉じた集合であるけれども，乗法の逆演算である除法に関しては閉じていない．除法まで含めた演算を自由に行うには，整数の拡張としての分数（有理数）の概念が必要になる．整数の組 (p,q), $p,q \in \mathbb{Z}, (q \neq 0)$ の全体を考えて，そのなかの二つの組 (p,q) と (p',q') は $pq' = p'q$ であるときに等しいと定める．このような組を有理数と呼び，その全体を $\mathbb{Q}$ と書くことにする．通常はこのような組は分数 $\frac{p}{q} = p/q$ の形に書かれる．このような組のなかで $(p,1) = \frac{p}{1}$ の形の組（またはそれに等しい組）を整数と同一視すれば，有理数全体 $\mathbb{Q}$ は整数全体 $\mathbb{Z}$ を含むと考えてよい．有理数（分数）の四則演算をきちんと述べることは筆者にとっても，また多くの読者にとってもすこし煩わしいことであろうから，ここでは省略する．

以上自然数から始めて，演算が自由にできるように数の集合を拡大することにより，有理数の集合 $\mathbb{Q}$ にまでたどり着くことができた．有理数は四則演算に関して閉じた集合であり（もちろん 0 での割算は許されない），加法および乗法に関して可換すなわち

$$a+b=b+a, \qquad ab=ba$$

であり，結合法則

$$(a+b)+c=a+(b+c), \qquad (ab)c=a(bc)$$

および分配法則

$$a(b+c)=ab+ac$$

が成り立つ．有理数全体のように，上で述べた性質をもち四則演算が自由にできる（数の）集合を**体**と呼ぶ．その意味で $\mathbb{Q}$ のことを**有理数体**ということもある．有理数体は最も簡単な体の例である．しかし我々が知っている数は有理数だけではない．$\sqrt{2}, \sqrt[3]{3}$ などが有理数でないことは証明も含めて多くの読者が知っていることであろうし，また自然対数の底 e や円周率 π が有理数ではないという事実も（証明はともかくとして）聞いたことはあると思う．読者はさらに有理数の集合を含み，さらに上記に挙げた有理数でない数を含むもっと大き

な数の集合があることを知っている．この集合は，実数の集合と呼ばれ，$-\infty$ から ∞ に延びる無限数直線 $\mathbb{R}$（実数直線と呼ぶ）で表されること，またこの集合が四則演算に関して閉じている（実際は体になる）ことも知っているはずである．しかし実数とは何かと聞かれたとき，それに数学としてきちんとした答えを出すのはすこし面倒なことである．

あとで実数の組として複素数を定義することになるので，すこしは実数のことも読者に知っていてほしいから，ここで有理数と実数の違いをすこし眺めてみることにする．任意に二つの相異なる有理数を選ぶと，その間には少なくとも一つの有理数がある．このことを繰り返し用いると，任意の異なる有理数の間には無限個の有理数があることがわかる．このような有理数の性質を**稠密性**という．この性質をみると，実数直線上には有理数がすき間なくつまっているようにも思われるが，実はそうでもないのである．実数とは直観的にはすべての無限小数（有限小数は有限個以外はすべて 0 が並ぶ無限小数であると考えれば無限小数の一部と考えられる）で表される数のことである．よく知られるように，有理数は小数で表すと有限小数かまたは無限循環小数で表される．したがって無限小数で循環しないものはすべて有理数ではないから無理数である．この事実からは有理数に比べてはるかに多くの（どちらも無限個なので普通に比べるのは難しく，曖昧な表現ではある）無理数があることが想像できる．実際ある尺度で閉区間 $[0,1]$ にある有理数の占める長さを測ると 0 になってしまい，逆に無理数の占める長さは 1 となることが知られている．このように実数直線をほとんど埋め尽くしているのは有理数ではなくむしろ無理数なのである．実数の性質を特徴づけるために**連続性**（または**完備性**）という言葉が用いられる．本書では有理数体から，具体的にどのように実数体を構成するかという問題には触れず，その代わりに実数の連続性を特徴づける以下の同値な二つの基本定理を引用することで済ますことにする．したがって，以後これらの基本定理は証明すべきものではなく，実数を特徴づけるための公理と考える．二つの基本定理の同値性の証明も省略するので，それに興味のある読者は各自証明を試みるなり，参考書で調べてみてほしい．

まず準備のために，**コーシー**（Cauchy）**列**，または**基本列**の概念を導入する．実数列 $\{a_n\}$ が $m,n \to \infty$ のとき（この m,n を無限大にする仕方にかか

わらず）$|a_m - a_n| \to 0$ となるとき，実数列 $\{a_n\}$ はコーシー列，または基本列であると呼ばれる．言い換えれば，任意に小さい $\epsilon > 0$ に対して十分大きな N を選べば，任意の $m, n \geq N$ に対して $|a_m - a_n| < \epsilon$ が成り立つようにできる実数列を，コーシー列と呼ぶのである．

【基本定理 1】 実コーシー列は必ず，ある実数に収束する．すなわちコーシー列は実数の中に極限をもっている．

2番目の基本定理を述べる前に，すこし言葉を準備する．実数列 $\{a_n\}$ において，すべての n について $a_n \leq M$ となる実数 M があるとき，$\{a_n\}$ は**上に有界**であるといい，M を**上界**という．同様にすべての n について $L \leq a_n$ となる実数 L があれば，$\{a_n\}$ は**下に有界**であるといい，L を**下界**という．数列 $\{a_n\}$ が**単調増加**であるとは，すべての n について $a_n \leq a_{n+1}$ が成り立つことをいう．同様にすべての n について $a_n \geq a_{n+1}$ が成り立てば，数列 $\{a_n\}$ は**単調減少**であると呼ばれる．

【基本定理 2】 上に有界な単調増加（実）数列はある実数に収束する．また下に有界な単調減少（実）数列はある実数に収束する．

この基本定理 2 を述べるにあたり，簡単に"有界な単調数列は収束する"という述べ方をすることがある．

実数の話にすこし深入りしすぎたかもしれない．そろそろ複素数を導入しよう．実数の平方は決して負になることはないから実数の範囲で 2 次方程式 $x^2 + 1 = 0$ の解を求めることはできない．そこでこの方程式の解を仮想的に i または $\sqrt{-1}$ で表せば，$i^2 = \sqrt{-1}^2 = -1$ であり，このような仮想的な数を**虚数単位**と呼ぶ．この本では特に断らなければ虚数単位を i で表す．数列などの添字として a_i のように i を用いることがあるかもしれないが混乱は起きないだろう．

a, b を実数として形式的に

$$\alpha = a + ib = a + bi \tag{1.1}$$

と書かれる数を**複素数**と呼ぶ．このような複素数 $\alpha = a + bi$ と $\alpha' = a' + b'i$ が等しいのは，$a = a'$ かつ $b = b'$ であるときに限ると約束しよう．そのとき複素数 α は 2 つの実数の対 (a, b) と完全に同一視される．複素数全体を習慣に従い，$\mathbb{C}$ で表す．複素数 $\alpha = a + bi$ について，実数 a を α の**実部**，また実数 b を α の**虚部**といい，それぞれ

$$a = \operatorname{Re}\alpha, \qquad b = \operatorname{Im}\alpha \tag{1.2}$$

で表す．虚部が 0 である複素数 $a + 0i$ を実数とみなして単に a と書く．特に実部も虚部もともに 0 である複素数を単に 0 で表す．これにより実数全体 $\mathbb{R}$ を複素数全体 $\mathbb{C}$ の部分集合であるとみなすことができる．虚部が 0 でない複素数を特に**虚数**と呼び，さらに虚数のうち特に実部が 0 となるものを**純虚数**と呼ぶ．純虚数とは $0 + bi\,(b \neq 0)$ という形の複素数のことであり，以後これを単に bi と書く．

次に複素数の間に四則演算を定義しよう．複素数の四則は各複素数を形式的な変数 i に関する 1 次式とみて演算を行い，必要なら i^2 を -1 で置き換えることにより定義される．すなわち二つの複素数 $\alpha = a + bi$, $\beta = c + di$ についてその和と差は

$$\alpha \pm \beta = (a + bi) \pm (c + di) = (a \pm c) + (b \pm d)i \tag{1.3}$$

で定義される．また積については

$$(a + bi)(c + di) = ac + bci + adi + bdi^2 = (ac - bd) + (ad + bc)i$$

という計算を正当化するため

$$\alpha\beta = (a + bi)(c + di) = (ac - bd) + (ad + bc)i \tag{1.4}$$

と定義する．商については $\beta \neq 0$ に対して $\gamma = p + qi$ が $\alpha = \beta\gamma$ を満たせば

$$\alpha = a + bi = \beta\gamma = (cp - dq) + (cq + dp)i$$

であるから $a = cp - dq$, $b = dp + cq$ となり，これを p, q について解くと $p = (ac+bd)/(c^2+d^2)$, $q = (bc-ad)/(c^2+d^2)$ となるから，

$$\frac{\alpha}{\beta} = \frac{a+bi}{c+di} = \frac{ac+bd}{c^2+d^2} + \frac{bc-ad}{c^2+d^2}i \tag{1.5}$$

でなければならない．実際の商の計算では $(c+di)(c-di) = c^2+d^2$ に注意して分母の実数化を行い，

$$\frac{a+bi}{c+di} = \frac{(a+bi)(c-di)}{(c+di)(c-di)} = \frac{ac+bd}{c^2+d^2} + \frac{bc-ad}{c^2+d^2}i$$

とすればよい．以上 (1.3)，(1.4)，(1.5) で複素数の四則を定義することができた．これらの演算は実数（体）における四則演算を拡張したものであり，加法・乗法についてそれぞれ可換，すなわち

$$\alpha + \beta = \beta + \alpha, \quad \alpha\beta = \beta\alpha$$

で結合法則

$$(\alpha + \beta) + \gamma = \alpha + (\beta + \gamma), \quad (\alpha\beta)\gamma = \alpha(\beta\gamma)$$

および分配法則

$$\alpha(\beta + \gamma) = \alpha\beta + \alpha\gamma$$

が成り立っている．これらの事実を定義式 (1.3)，(1.4) から直接確かめることはすこし面倒であるが，複素数の四則演算は，形式的な変数 i に関する有理式（分数式）としての四則を行った後で $i^2 = -1$ を代入することにより実行されるものだと考えれば，このような関係式が成立することは当然の帰結である．したがって，実数の四則演算を用いて導かれたさまざまな公式，たとえば等差数列，等比数列の和の公式や2項定理などは複素数に対しても成立する．

複素数 $\alpha = a+bi$ に対してその**共役複素数** $\bar{\alpha}$ を $\bar{\alpha} = a - bi$ で定義すると $\bar{\bar{\alpha}} = \alpha$ であり，

$$\operatorname{Re}\alpha = \frac{\alpha + \bar{\alpha}}{2}, \quad \operatorname{Im}\alpha = \frac{\alpha - \bar{\alpha}}{2i} \tag{1.6}$$

である．また四則演算について

$$\overline{\alpha \pm \beta} = \bar{\alpha} \pm \bar{\beta}, \quad \overline{(\alpha\beta)} = \bar{\alpha}\bar{\beta}, \quad \overline{\left(\frac{\alpha}{\beta}\right)} = \frac{\bar{\alpha}}{\bar{\beta}} \tag{1.7}$$

が成り立つ．

問題 1.1 (1.7) を示せ．

今度は複素数係数の 2 次方程式

$$\alpha z^2 + \beta z + \gamma = 0, \qquad \alpha, \beta, \gamma \in \mathbb{C} \tag{1.8}$$

を考える．α, β, γ が実数の場合，この方程式は重複度をこめて二つの複素数解（重解の場合は同じ解が二つあると考える）をもつ．その解は判別式 $D = \beta^2 - 4\alpha\gamma > 0$ の場合には実数となり，

$$z = \frac{-\beta \pm \sqrt{\beta^2 - 4\alpha\gamma}}{2\alpha} \tag{1.9}$$

で与えられ，$D < 0$ の場合には実数とはならず，

$$z = \frac{-\beta \pm \sqrt{-\beta^2 + 4\alpha\gamma}\, i}{2\alpha}$$

で与えられる．たとえば $z^2 + 1 = 0$ の解は $z = \pm i$ である．係数 α, β, γ が複素数の場合でも，2 次方程式 (1.8) の解を解の公式 (1.9) によって求めることができる．ただし，その場合 $\sqrt{\beta^2 - 4\alpha\gamma}$ は $w^2 = \beta^2 - 4\alpha\gamma$ となる二つの複素数のうちのいずれか一つを表すと考えればよい．

問題 1.2 複素数 $\alpha \neq 0$ に対して，$z^2 = \alpha$ となる複素数 z が二つ（だけ）存在し，その一方が β ならもう一方は $-\beta$ であることを示せ．

正の実数 a に対してその平方根は二つあり，一方が正で，他方が負となる．そこで正のものを $\sqrt{a}$，負のものを $-\sqrt{a}$ と書く約束になっている．上記の問題によれば，一般の複素数 α に対しても $z^2 = \alpha$ となる複素数は二つ存在し，一方が β ならもう一方は $-\beta$ である．しかし複素数の間に（実数の順序を拡張して）適当な順序を定義し，0 と比較することにより正負の概念を導入できたとしても，その順序はかなり整合性の悪いものとなる．実際 $i > 0$ と仮定すると，それを平方して $i^2 = -1 < 0$ となり正の元同士の積が負となり，また $i < 0$ と仮定してこれを平方すれば負の元同士の積が負となる．このような事実は，我々が慣れ親しんでいる正負の概念とその演算に関する直観とはすこしかけ離

れている．したがって，我々は複素数の間に順序を定義しないことにする（単なる順序を定義するだけなら可能ではあるけれども）．上で述べたような理由もあって，以後，特に正の実数ではない α に対しては特に断らない限り，二つの平方根のいずれかを特定することはせず，まとめて $\sqrt{\alpha}$ で表すことにする．正の実数 a については $\sqrt{a}$ が従来通り正の平方根を表すのか，また二つの平方根をまとめて表すのかははっきりしないので，混乱が起きそうなときはその都度注意することにする．

例 1.1 $z^2 = i$ となる複素数は $z = \pm\dfrac{1+i}{\sqrt{2}}$ であるから，$\sqrt{i} = \pm\dfrac{1+i}{\sqrt{2}}$ と書く．

以上により，複素係数の 2 次方程式は重複度をこめて二つの複素数解をもつことがわかった．実は，後で示すように複素数係数の n 次代数方程式

$$\alpha_n z^n + \alpha_{n-1} z^{n-1} + \cdots + \alpha_0 = 0, \quad \alpha_n \neq 0$$

は重複度をこめて，n 個の複素数解をもつことが知られている．この事実は**代数学の基本定理**と呼ばれ，大数学者ガウス（Gauss）の学位論文（1799 年）において初めてその証明が与えられた．ただし，5 次以上の代数方程式には四則演算と根号だけを用いて解を求めるための一般的な処方箋（解の公式といってもよい）はないことも証明されており，解が存在することと，実際にそれを求める具体的な手続きがあることとは別問題である．

1.2 複素平面

前節で述べたように，複素数の全体 $\mathbb{C}$ は二つの実数の対 (a, b) 全体 $\mathbb{R}^2$ と同一視されるから，直交座標をとって xy 座標平面の点として表すことは自然である．このように xy 平面上の点 (a, b) が複素数 $\alpha = a + bi$ を表していると考えるとき，この平面を**複素平面**と呼ぶ．このような対応のもとで，複素数 $\alpha = a + bi$ が表す点 (a, b) を点 α と呼ぶことにする．このような複素平面の概念は，18 世紀末から 19 世紀初頭にかけて，ベッセル（Bessel），アルガン（Argand），ガウスなどにより提唱された．しかし，この分野において本質的な貢献を行い，複素数がもはや架空の数（虚数）ではなく実在性のあるものであ

ることを示して，複素数の名付け親ともなったのはガウスであり，そのため複素平面を**ガウス平面**と呼ぶこともある．複素平面において x 軸上の点は実数を表すので x 軸を実軸と呼び，y 軸上の点は純虚数を表すので y 軸を虚軸と呼ぶ．$\alpha = a + bi$ の共役複素数 $\bar{\alpha} = a - bi$ は実軸に関する α の対称点を表す．原点から点 $\alpha = a + bi$ までの距離は $\sqrt{a^2 + b^2}$ であり，これを複素数の**絶対値**と呼び $|\alpha|$ で表す．すなわち

$$|\alpha| = \sqrt{a^2 + b^2} \qquad (1.10)$$

である．そのとき

$$|\alpha| = |-\alpha| = |\bar{\alpha}|, \qquad \alpha\bar{\alpha} = |\alpha|^2 \qquad (1.11)$$

が成り立つ．この絶対値の概念は α が実数の場合には，実数に対する絶対値と一致するので同じ記号を用いても混乱は起きないであろう．

問題 1.3 (1.11) を証明せよ．

複素数 $\alpha = a + bi \neq 0$ に対して，実軸の正の方向と線分 $\mathrm{O}\alpha$ とのなす角度 θ を α の**偏角**と呼び，$\arg \alpha$ と書く．そのとき $\tan \theta = b/a$ である．偏角は一意的には定まらず，θ に 2π （ラジアン）の整数倍を加えたものもまた偏角となる．そのことに鑑みて，$\tan \theta = b/a$ となる角度の一つを用いて

$$\arg \alpha = \theta + 2n\pi \quad (n \in \mathbb{Z}) \qquad (1.12)$$

と書く（図 1.1 参照）．

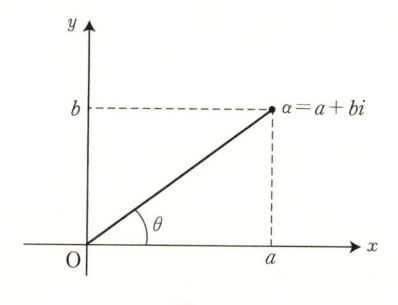

図 1.1

特に，偏角のなかで $-\pi < \arg \alpha \leq \pi$ を満たすものを**偏角の主値**と呼んで，$\text{Arg }\alpha$ と書くことがある．複素数 0 に対しては偏角を考えない．

複素数 $\alpha = a + bi$ の絶対値 $r = |\alpha| = \sqrt{a^2 + b^2}$ と偏角 θ を用いると，$a = r\cos\theta, b = r\sin\theta$ （極座標表示）であるから

$$\alpha = r(\cos\theta + i\sin\theta) \tag{1.13}$$

と表すことができる．このような複素数 α の表現を**極形式**と呼ぶ．

例 1.2 $\alpha = r(\cos\theta + i\sin\theta)$ $(r \neq 0)$ のとき $\bar{\alpha}$ は α の実軸に関する対称点なので，明らかに

$$\bar{\alpha} = r(\cos(-\theta) + i\sin(-\theta)) = r(\cos\theta - i\sin\theta) \tag{1.14}$$

である．また (1.11) の第 2 式によれば

$$\frac{1}{\alpha} = \frac{\bar{\alpha}}{|\alpha|^2} = \frac{\bar{\alpha}}{r^2} = \frac{1}{r}(\cos(-\theta) - i\sin(-\theta)) = \frac{1}{r}(\cos\theta - i\sin\theta) \tag{1.15}$$

である．

次に複素平面で複素数の四則がどのように視覚化されるかみてみよう．

(i) 和と差：複素数 α, β をそれぞれ原点 O を始点とする位置ベクトル $\overrightarrow{O\alpha}, \overrightarrow{O\beta}$ とみなせば，定義より複素数の和 $\alpha + \beta$ はベクトル $\overrightarrow{O\alpha}$ と $\overrightarrow{O\beta}$ のベクトルとしての和，すなわち線分 $O\alpha$ と $O\beta$ を二辺とする平行四辺形の O の向かい側の頂点を P とするときベクトル $\overrightarrow{OP}$ で表される．同様に複素数の差 $\alpha - \beta$ はベクトル $\overrightarrow{\beta\alpha}$ の始点 β を原点 O へ平行移動したものを $\overrightarrow{OQ}$ とするなら，位置ベクトル $\overrightarrow{OQ}$ で表される（図 1.2 参照）．

いま 3 点 $O, \alpha, \alpha + \beta$ を頂点とする 3 角形を考えると，3 角形の一つの辺の長さ $|\alpha + \beta|$ は他の 2 辺の長さの和 $|\alpha| + |\beta|$ より小さくなる．$O, \alpha, \alpha + \beta$ が一直線上にある場合も含めて考えることにより，

$$|\alpha + \beta| \leq |\alpha| + |\beta| \qquad \text{3 角不等式} \tag{1.16}$$

が得られる．ここで等号は $\arg\alpha = \arg\beta$ または α, β のいずれかが 0 の場合に限る．次に 3 点 O, α, β を頂点とする 3 角形を考える．そのとき $|\alpha - \beta|$ はベク

1.2 複素平面

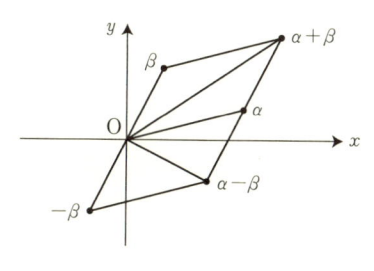

図 1.2

トル $\overrightarrow{\alpha\beta}$ の大きさを表し，したがって 2 点 α と β の距離を表す．3 角形の一つの辺の長さ $|\alpha-\beta|$ は他の 2 辺の差 $||\alpha|-|\beta||$ より大きいが，3 頂点が一直線上にある場合も含めて考えることにより

$$||\alpha|-|\beta|| \leq |\alpha-\beta| \tag{1.17}$$

が得られる．等号は (1.16) の場合と同じで，$\arg\alpha = \arg\beta$ または α, β のいずれかが 0 のときに限る．

問題 1.4 (1) $\alpha = \alpha - \beta + \beta$ などを用いて，不等式 (1.16) から (1.17) を導け．
(2) 複素数の絶対値の定義式 (1.10) を用いて，不等式 (1.16) を直接計算により証明せよ．

(ii) 積と商：積と商を視覚化するには極形式が便利である．ともに 0 でない二つの複素数 α, β の極形式をそれぞれ

$$\alpha = r(\cos\theta + i\sin\theta), \quad \beta = s(\cos\varphi + i\sin\varphi)$$

とおく．そのとき積の定義より，

$$\alpha\beta = rs\left((\cos\theta\cos\varphi - \sin\theta\sin\varphi) + i(\cos\theta\sin\varphi + \sin\theta\cos\varphi)\right)$$

であるから，実部と虚部にそれぞれ正弦と余弦の加法定理を用いて

$$\alpha\beta = rs\left(\cos(\theta+\varphi) + i\sin(\theta+\varphi)\right) \tag{1.18}$$

を得る．商 α/β は α と $1/\beta$ ($\beta \neq 0$) の積であり，例 1.2 より

$$\frac{1}{\beta} = \frac{1}{s}(\cos(-\varphi) + i\sin(-\varphi))$$

であるから，(1.18) により

$$\frac{\alpha}{\beta} = \frac{r}{s}(\cos(\theta - \varphi) + i\sin(\theta - \varphi)) \tag{1.19}$$

であることがわかる．(1.18), (1.19) により，絶対値と偏角について

$$|\alpha\beta| = |\alpha||\beta|, \quad \arg(\alpha\beta) = \arg\alpha + \arg\beta \tag{1.20}$$

および

$$\left|\frac{\alpha}{\beta}\right| = \frac{|\alpha|}{|\beta|}, \quad \arg\left(\frac{\alpha}{\beta}\right) = \arg\alpha - \arg\beta \tag{1.21}$$

が成り立つことがわかる．ここで偏角（arg）についての等式は 2π の整数差を除いて成り立つと考えなければならない．

今までの結果より複素数 $\alpha = r(\cos\theta + i\sin\theta)$ をかけることは，絶対値を r 倍し，偏角に θ を加えることになるから，$\alpha\beta$ は β を θ 回転し，その長さを r 倍したものである．したがって，複素平面上に点 $\mathrm{O}, 1, \alpha, \beta$ をとれば，積を表す点 $\gamma = \alpha\beta$ は，$\triangle \mathrm{O}1\alpha$ と $\triangle \mathrm{O}\beta\gamma$ がこの順序で相似になるような点 γ として表示される（図 1.3 参照）．

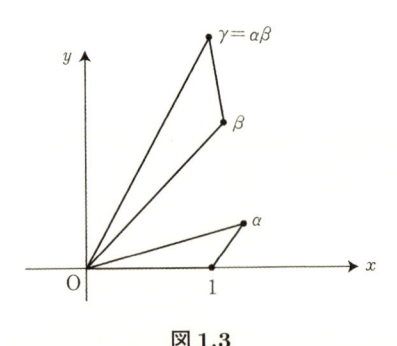

図 1.3

次に，商 α/β は α と $1/\beta$ との積であるから $1/\beta$ の表示を求める必要がある．

$$\beta = s(\cos\varphi + i\sin\varphi)$$

のとき $\beta' = \dfrac{1}{s}(\cos\varphi + \sin\varphi)$ とおく．β' は偏角が β と同じで絶対値が逆数となる点になるが，このような β' を（原点中心の）単位円（半径 1 の円のこと）

に関する β の**反転**という．$1/\beta$ は β の反転 β' の複素共役，すなわち β' の実軸に関する対称点として表示される（図1.4 参照）．

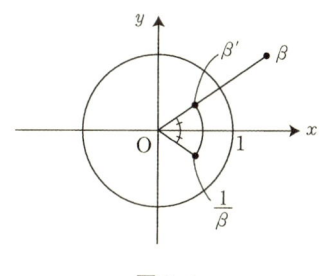

図 1.4

注意 一般に中心 O，半径 ρ の円が与えられたとして，O 以外の点 P に対して半直線 OP 上に $\mathrm{OP}\cdot\mathrm{OQ}=\rho^2$ となる点 Q をとる．点 P を点 Q に移す変換を，与えられた円に関する反転という．上記の複素数の逆数の構成で現れたのは，原点中心の半径が 1 の円に関する反転である．

絶対値が 1 である複素数 $\cos\theta+i\sin\theta$ に対して，公式 (1.18) を繰り返し用いると，正の整数 n について

$$(\cos\theta+i\sin\theta)^n=\cos n\theta+i\sin n\theta \tag{1.22}$$

が成り立つ．公式 (1.19) を用いれば，(1.22) が n が負の整数のときにも成り立つことがわかる．したがって，(1.22) はすべての整数 n について成り立つことがわかる．公式 (1.22) を**ド・モアブル**（De Moivre）**の公式**という．

注意 後に学ぶ**オイラー**（Euler）**の公式**によれば

$$e^{i\theta}=\cos\theta+i\sin\theta \tag{1.23}$$

である．この公式は自然対数の底 e の複素ベキ $e^{i\theta}$ を右辺で定義しているとみなすこともできる．そのときド・モアブルの公式は

$$\left(e^{i\theta}\right)^n=e^{in\theta} \tag{1.24}$$

となり，指数法則の一つが成り立つことを意味している．

公式 (1.22) により，一般の複素数に対しては

$$r^n(\cos\theta + i\sin\theta)^n = r^n(\cos n\theta + i\sin n\theta) \tag{1.25}$$

が成り立つ．

例 1.3 （1 の n 乗根） $z^n = 1$ となる複素数 z を 1 の **n 乗根**という．$z = re^{i\theta} = r(\cos\theta + i\sin\theta)$ とおけば，$z^n = r^n e^{in\theta} = r^n(\cos n\theta + i\sin n\theta) = 1$ により，直ちに $r = 1$ であることがわかる．さらに複素数 1 の偏角が $2k\pi$ $(k \in \mathbb{Z})$ であることから，$\theta = \arg z = \dfrac{2k\pi}{n}$, $(k \in \mathbb{Z})$ であることがわかる．したがって $z_k = \cos\dfrac{2k\pi}{n} + i\sin\dfrac{2k\pi}{n}$ $(k \in \mathbb{Z})$ が得られる．特に

$$\omega = z_1 = e^{\frac{2\pi}{n}i} = \cos\frac{2\pi}{n} + i\sin\frac{2\pi}{n} \tag{1.26}$$

とおけば，$z_k = \omega^k$ である．ここで $k = n, n+1, \ldots$ としてみると容易に $z_n = \omega^n = 1, z_{n+1} = \omega^{n+1} = \omega, \ldots$ であることがわかるから，結局 $k = 0, \ldots, n-1$ として n 個の

$$z_k = \omega^k = e^{\frac{2k\pi}{n}} = \cos\frac{2k\pi}{n} + i\sin\frac{2k\pi}{n} \tag{1.27}$$

が，1 の相異なる n 乗根のすべてを与えることがわかる．n 個の点 $\omega^0 (= 1), \omega, \omega^2, \ldots, \omega^{n-1}$ は原点中心半径 1 の円に内接する正 n 角形の頂点になっている．さらに，m が n と互いに素であるとき，$\tilde{\omega} = \omega^m$ とおけば，$1, \tilde{\omega}, \ldots, \tilde{\omega}^{n-1}$ が 1 の n 乗根のすべてを与える．このような $\tilde{\omega}$ (ω 自身も含めて) を **1 の原始 n 乗根**という．

例 1.4 今度は複素数 $\alpha\,(\alpha \neq 0)$ の n 乗根 $\sqrt[n]{\alpha}$ を求めてみよう．α を極形式で表して

$$\alpha = \rho e^{i\varphi} = \rho(\cos\varphi + i\sin\varphi)$$

とおき，求める n 乗根を $w = re^{i\theta} = r(\cos\theta + i\sin\theta)$ として，$w^n = \alpha$ の絶対値と偏角を比較すれば，それぞれ $r^n = \rho$ および $n\theta = \varphi + 2k\pi$ $(k \in \mathbb{Z})$ で

あるから
$$r = \sqrt[n]{\rho}, \qquad \theta = \frac{\varphi + 2k\pi}{n} \ (k \in \mathbb{Z})$$
が得られる．ここで $\sqrt[n]{\rho}$ は $\rho > 0$ に対して，ただ一つ定まる正の ρ の n 乗根を表す．したがって，例 1.3 とまったく同様な議論により，α の相異なる n 乗根のすべては $k = 0, 1, \ldots, n-1$ として，

$$w_k = \sqrt[n]{\rho}\, e^{\frac{\varphi + 2k\pi}{n}i} = \sqrt[n]{\rho}\left(\cos\frac{\varphi + 2k\pi}{n} + i\sin\frac{\varphi + 2k\pi}{n}\right) \tag{1.28}$$

で与えられる．これらの n 乗根 w_k は w_0 および例 1.3 で求めた 1 の n 乗根 ω を用いて $w_0, \omega w_0, \ldots, \omega^{n-1} w_0$ と書くこともできる．

1.3 複素平面の点集合と曲線

A. 複素平面上の点集合

この節ではまず（複素）平面のいくつかの種類の点集合の概念を導入する．その前に集合論の記法について簡単に復習しよう．ある点 α（複素数）が集合 A に含まれる（属する）とき $\alpha \in A$ と書いて，α は集合 A の**要素**または**元**であるという．以後現れる集合は（複素）平面の集合であり，その場合は集合の要素のことを集合の点と呼ぶことが多い．集合 A の要素がすべて集合 B の要素であるとき A は B の**部分集合**であるといい，$A \subset B$ と書く．

複素平面の集合とは $\mathbb{C}$ の部分集合すなわち，$A \subset \mathbb{C}$ となる集合のことである．$\mathbb{C}$ の部分集合 A, B に対して A と B の両方に含まれる点の集合を $A \cap B$ で表し，A と B の**共通部分**と呼ぶ．次に A または B のいずれか少なくとも一方に含まれる点の集合を $A \cup B$ で表して，A と B の**和集合（合併集合）**と呼ぶ．A に含まれない $\mathbb{C}$ の点の集合を A^c で表し，A の**補集合**と呼ぶ．要素をもたない集合をも集合に含めて，**空集合**といい，$\emptyset$ で表す．たとえば $\mathbb{C}^c = \emptyset$ である．

例 1.5 $A \cup A^c = \mathbb{C}, \quad A \cap A^c = \emptyset$

複素平面内の点 2 点 $\alpha = a + ib$ と $\beta = c + id$ を線分で結んだ距離は $\sqrt{(c-a)^2 + (d-b)^2}$ で与えられるが，これは二つの複素数の差の絶対値 $|\beta - \alpha| = |\alpha - \beta|$ に等しい．一つの α を固定して α からの距離が正の定数 $\rho > 0$ よ

り近い点の集まりを $V(\alpha, \rho)$ と書いて, α の ρ **近傍**と呼ぶ. $V(\alpha, \rho)$ を定義するのに

$$V(\alpha, \rho) = \{z \in \mathbb{C}|\ |z - \alpha| < \rho\} \tag{1.29}$$

という集合論ではお馴染みの表記を用いることにするが, その意味は明らかであろう. 同様に集合

$$S(\alpha, \rho) = \{z \in \mathbb{C}|\ |z - \alpha| = \rho\} \tag{1.30}$$

は中心 α 半径 ρ の円周を表し, $V(\alpha, \rho)$ はこの円周の内部（直観的な意味で）である.

複素平面の点集合 A を考える. そのとき $\alpha \in \mathbb{C}$ について,

(i) 適当な $\epsilon > 0$ をとることにより $V(\alpha, \epsilon) \subset A$ となるようにできるとき α は A の**内点**であるという. 集合 A の内点全体を A^o と書き, A の**内部**（または**開核**）と呼ぶ. もちろん $A^o \subset A$ である.

(ii) 適当な ϵ をとれば $A \cap V(\alpha, \epsilon) = \emptyset$, 言い換えれば $V(\alpha, \epsilon)$ が A の補集合 A^c に含まれるとき, α は A の**外点**であるという. 言い換えれば A の外点とは, A の補集合の内部 $(A^c)^o$ の点のことである.

(iii) α が A の内点でも外点でもないとき, α を A の**境界点**であるという. A の境界点 α においては, どのように小さい $\epsilon > 0$ をとっても $V(\alpha, \epsilon)$ は A の点と A^c の点を両方含む. A の境界点の全体を ∂A と書く. A と ∂A の和集合 $A \cup \partial A$ を $\bar{A}$ と表し, A の**閉包**と呼ぶ.

内点だけからなる集合を**開集合**, すべての境界点を含む集合を**閉集合**と呼ぶ. 定義から明らかに, A^o は開集合であり, A が開集合であることは $A = A^o$ であることと同値であることがわかる. A^o は A に含まれる開集合のなかで最大のものである. 一方 $\bar{A}$ は閉集合であり, A が閉集合であることは $A = \bar{A}$ であることと同値である. また $\bar{A}$ は A を含む閉集合のなかで最小のものである.

例 1.6 集合 A を

$$A = \{z \in \mathbb{C}|\ |z - \alpha| \leq \rho\ \}$$

で定義すると, $A^o = V(\alpha, \rho)$, $\partial A = S(\alpha, \rho)$ であり $\partial A \subset A$ であるから A は閉集合である.

問題 1.5 (1) 開集合の補集合は閉集合であり，逆に閉集合の補集合は開集合であることを示せ．したがって開集合（または閉集合）の概念を定義すれば，その補集合として閉集合（または開集合）を定義することができる．
(2) 開集合の族 A_λ（無限個の族でもよい）に対して，そのすべての合併集合は開集合となる．また開集合の有限個の共通部分は開集合となる．以上を示せ．また開集合の無限個の共通部分が，開集合とならない例を考えよ．
(3) 集合 A の境界点の全体 ∂A は閉集合であることを示せ．

α が集合 A の**集積点**であるとは，α の任意の ϵ 近傍 $V(\alpha,\epsilon)$ が α 以外の A の点を含むことである．この場合 α そのものは A に属しても，属していなくてもよい．α の適当な ϵ 近傍 $V(\alpha,\epsilon)$ をとると $V(\alpha,\epsilon) \cap A$ が唯一点 α だけからなるとき，α を A の**孤立点**であるという．A の孤立点はもちろん A の点である．

例 1.7 集合 A を平面上の格子点（座標がすべて整数である点）全体，すなわち

$$A = \{m + ni \mid m, n \in \mathbb{Z}\}$$

とすると，A の点はすべて孤立点である．

問題 1.6 集合 A がその境界点をすべて含むということと，その集積点をすべて含むということは同値である．したがって，閉集合とは集積点をすべて含む集合であると定義してもよい．このことを示せ．

例 1.7 で定義された A の点はすべて孤立点であり，A には集積点が存在しない．したがって，A は閉集合である．

集合 A が**有界集合**であると呼ばれるのは，A がある $V(0,R)$ に含まれているときをいう．$V(\alpha,\rho)$ は有界な開集合であり，その補集合 $V^c(\alpha,\rho)$ は非有界な閉集合である．

B. 連続曲線

$x(t), y(t)$ を閉区間 $[a,b]$ で連続な関数として，

$$x = x(t), \quad y = y(t) \qquad t \in [a,b]$$

とおいたとき，$z = x + iy$ が複素平面上に描く軌跡 C を**連続曲線**という．以

後，連続曲線 C を $C: x = x(t), y = y(t) \, (t \in [a,b])$ または

$$C: z = z(t) = x(t) + iy(t) \quad t \in [a,b] \tag{1.31}$$

と表す．$z(a)$ を C の始点，$z(b)$ を終点という．

定義より $x(t), y(t) \, (a \leq t \leq b)$ は連続関数であるから，$t_0 \in [a,b]$ として $t \to t_0$ のとすれば，$x(t) \to x(t_0), y(t) \to y(t_0)$ であるから，$|z(t) - z(t_0)| \to 0$ である．ここで，$t \to t_0$ は t が t_0 に等しくならないように左右から限りなく t_0 に近づくという意味であり，$t_0 = a$ または $t_0 = b$ のときは，それぞれ右からまたは左からの極限だけを考える．以後単に曲線といえば，連続曲線を意味するものとする．

曲線 (1.31) において $t_0 \in [a,b]$ における極限

$$\lim_{t \to t_0} \frac{z(t) - z(t_0)}{t - t_0} \tag{1.32}$$

が存在するとき，$z(t)$ は $t = t_0$ で微分可能であるといい，この値を $z'(t_0)$ で表す．$t_0 = a$ または $t_0 = b$ の場合は，それぞれ右側または左側からの極限である右側の微分係数および左側の微分係数だけを考える．$z(t)$ の $t = t_0$ における微分可能性は，その実部と虚部の微分係数 $x'(t_0), y'(t_0)$ がともに存在して，$z'(t_0) = x'(t_0) + y'(t_0)$ となることと同値である．また $z'(t_0)$ に対して，平面上のベクトル $(x'(t_0), y'(t_0))$ を考えれば，このベクトルは曲線 C の $t = t_0$ における接線の方向を示している．$z(t)$ の微分係数が $[a,b]$ の各点で存在するとき，これを t の関数とみて $z'(t)$ と表し，$z(t)$ の導関数と呼ぶ．曲線 (1.31) において $z(t)$ が $[a,b]$ の各点で連続な導関数 $z'(t)$ をもち，さらに $z'(t) \neq 0$ と仮定する ($z'(a)$ は，$t = a$ における右側微分係数を，$z'(b)$ は $t = b$ における左側微分係数を表すものとする)．このような曲線を**正則曲線**または**滑らかな曲線**と呼ぶ．滑らかな曲線の各点では一意的な接線を引くことができ，接線の方向は曲線上の点の動きとともに連続的に変化する．有限個の滑らかな曲線をつなぎ合わせたものを**区分的に滑らかな曲線**という．

C. 弧状連結集合・連結集合[*]

複素平面の点集合 $A \subset \mathbb{C}$ において，A 内のどの 2 点をとってもその 2 点が，

一方を始点とし，もう一方を終点とする A 内の曲線 $C: z(t) \in A$ $(a \leq t \leq b)$ で結ぶことができるとき，A は**弧状連結**であると呼ばれる．特に，弧状連結な開集合を**領域**と呼ぶ．

A を複素平面の点集合とする．開集合 U, V は共通部分が空集合であって，$A \subset U \cup V$ となるものとする．そのとき $A \subset U$ または $A \subset V$ のいずれかが成り立つとする．このような集合 A は**連結**であると呼ばれる．A が開集合の場合に限れば，連結性の定義はもうすこし簡単である．A が共通部分をもたない開集合の和集合として $A = U \cup V$ と表されたとき，$A = U$ または $A = V$ のどちらかが必ず成り立つとき，開集合 A は連結であるというのである．直観的にいえば，連結集合とは，（共通部分がない）開集合を用いて分離できない集合のことである．弧状連結性と連結性は，その定義を一見すると，少々異なった概念のようにみえる．しかし複素平面内の点集合（もっと一般にユークリッド空間の点集合）については，弧状連結性と連結性は同値であることが知られている．このことを証明するには実数の連続性が本質的に必要となる．興味がある読者は参考書等で学ばれたい．上述の同値性により，今後領域とは連結な開集合であるとする．

D. コンパクト集合*

コンパクト集合とは有界閉集合の概念を一般化したものであり，複素平面のコンパクト集合とは有界閉集合に他ならない．本項の内容はいくぶん抽象的であり，またその内容を知らなくてもそれほど困ることはないので，取り敢えずとばして，先に進み，必要に応じて定義と定理の内容を参照すれば十分である．

複素平面のコンパクト集合（有界閉集合）を特徴づけるに際して重要なのは，以下に述べる**ハイネ・ボレル**（Heine-Borel）**の定理**と**ワイエルシュトラス・ボルツァーノ**（Weierstrass-Bolzano）**の定理**である．

【定理 1.1】（ハイネ・ボレル） $F \subset \mathbb{C}$ を有界閉集合であるとし，U_λ, $\lambda \in \Lambda$ は開集合の（無限個の）族で

$$\bigcup_{\lambda \in \Lambda} U_\lambda \supset F$$

であると仮定する．このような開集合の族を F の**開被覆**と呼ぶ．そのとき開集合族 U_λ のなかから，有限個の開集合 $U_1, \ldots, U_n$ を選んで，

$$\bigcup_{i=1}^{n} U_i \supset F$$

とすることができる．

注意 定理の F の開被覆としては，単に可算無限個の（番号が付けられる）被覆だけを考えているわけではない．たとえば，F の各点 z に z を含む開集合 U_z（点 z の開近傍という）が，何らかの意味で与えられている場合を考える．この場合，開集合の族 $\{U_z\}$ に含まれる開被覆は，可算無限個ではない．このような場合でも，開集合の族 $\{U_z\}$ から，有限個の $U_{z_1}, \ldots, U_{z_n}$ を選んで，この有限個の集合でコンパクト集合 F を覆うことができるのである．ただし，その有限個の開集合の選び方については定理は何も述べていないことに注意する．上記の定理の主張を簡潔に，『有界閉集合の任意の開被覆は有限開被覆を含む』という形に述べることができる．

証明 背理法による．
(i) まず $a < b$, $c < d$ を実数として F が長方形で $F = \{z = x + iy \mid a \leq x \leq b, c \leq y \leq d\}$ と表されるときを考える．どのような有限個の U_λ によっても F が覆われないと仮定する．二つの直線 $x = (a+b)/2$ と $y = (c+d)/2$ によって F を 4 つの長方形からなる閉領域に分割する．4 つの閉領域のうちいずれかは有限個の U_λ では覆われないから，そのような閉領域（長方形の内部と周からなる）を F_1 とすると，$F_1 = \{z = x + iy \mid a_1 \leq x \leq b_1, c_1 \leq y \leq d_1\}$ とおくことができる．ただし，$a \leq a_1 < b_1 \leq b$, $c \leq c_1 < d_1 \leq d$ である．次に長方形領域 F_1 をまったく同様に 4 等分することにより，その 4 等分によって得られた長方形領域のうち，少なくとも一つは有限個の U_λ では覆われないのでそれを F_2 とおく．この手続きを繰り返して，有限個の U_λ では覆われないような閉じた長方形領域の列

$$F \supset F_1 \supset F_2 \supset \cdots \supset F_n \supset \cdots$$

を得る．ここで $F_n = \{z = x+iy \mid a_n \leq x \leq b_n,\ c_n \leq y \leq d_n\}$ であり，a_n, b_n, c_n, d_n は

$$a \leq a_1 \leq a_2 \leq \cdots \leq a_n < b_n \leq b_{n-1} \leq \cdots \leq b_1 \leq b \tag{1.33}$$

$$c \leq c_1 \leq c_2 \leq \cdots \leq c_n < d_n \leq d_{n-1} \leq \cdots \leq d_1 \leq d \tag{1.34}$$

を満たす．また長方形 F_n の横の長さは $b_n - a_n = (b-a)/2^n$，縦の長さは $d_n - c_n = (d-c)/2^n$ である．数列 $\{a_n\}$ は単調増加で上に有界 ($a_n < b$) だから基本定理2により $n \to \infty$ で a_n は極限をもつ．同様に数列 b_n は単調減少で下に有界 ($a < b_n$) であるから，基本定理2によりやはり極限をもつ．ところが $b_n - a_n \to 0\ (n \to \infty)$ であるからこの二つの極限は同じ値 ξ である．まったく同様に c_n, d_n は $n \to \infty$ で収束して同じ極限 η をもつ．したがって，$F, F_1, \ldots, F_n, \ldots$ に共通に含まれる点 $\alpha = \xi + i\eta$ がただ一つ定まる．開被覆のなかには α を含むものがあるからそれを U_μ とする．そのとき開集合の定義から ϵ を十分小さくとれば $V(\alpha, \epsilon) \subset U_\mu$ である．次に N を十分大きくとって，$(b-a)/2^N, (d-c)/2^N$ がともに $\epsilon/2$ より小さくなるようにすれば，$n \geq N$ に対しては，$F_n \subset V(\alpha, \epsilon) \subset U_\mu$ である．ところが，F_n は与えられた開被覆のうちの有限個では覆えない閉集合として作られたから，これは矛盾である．

(ii) 次に F が一般の有界閉集合の場合について考える．まず適当な長方形 K をとって $F \subset K$ とする．K の点で F に属していない点の全体を G とおくと，G の点 z は F の点の外点であるから適当に z を含む開集合 V_z をとれば，$V_z \cap F = \emptyset$ であるようにできる．F の開被覆 $U_\lambda, \lambda \in \Lambda$ と $V_z, z \in G$ を合わせて長方形である有界閉集合 K の開被覆となる．(i) で証明したことにより，そのような開被覆から有限個の開集合 $U_1, \ldots, U_n$ と $V_1, \ldots, V_m$ を選べば，それらの和集合が K を覆う．ところが $V_i \cap F = \emptyset$ なので，$U_1, \ldots, U_n$ の和集合が F を覆うことがわかる． ∎

定理1.1 の結論である『集合 F の任意の開被覆が有限開被覆を含む』という性質を集合 F がもつとき，集合 F は**コンパクト** (compact) であるという．定理1.1 は『有界閉集合はコンパクトである』と言い換えることができる．この定理の逆：『複素平面のコンパクト集合は有界閉集合である』も成り立つので複

素平面（もっと一般にユークリッド空間の）の有界閉集合はコンパクト性により特徴づけられることになる．このコンパクト性の定義の利点はそれが開集合の言葉だけで表現されていることで，たとえば距離概念が定義されていないような抽象的な空間（位相空間）において，コンパクト集合は有界閉集合に代わるべき概念として重要な役割を果たす．

> **問題 1.7** 平面内のコンパクト集合は有界閉集合であることを示せ．

【定理 1.2】（ワイエルシュトラス・ボルツァーノ）　$F \subset \mathbb{C}$ を有界閉集合であるとする．そのとき F における無限点列 $\{z_n \in F \mid n = 1, 2, \ldots\}$ は F 内に少なくとも一つの集積点をもつ．

証明　F は閉集合であるから点列 $\{z_n\}$ が集積点をもてば，その集積点は必ず F に含まれる．したがって，$\{z_n\}$ が集積点をもつことを示せばよい．以下の背理法による証明はかなり巧妙である．$\{z_n\}$ が集積点をもたなければ，F の各点 z において十分小さな近傍を U_z をとれば U_z に含まれる $\{z_n\}$ の点は有限個になる．（もしどのような小さな近傍をとってもその近傍に点列 $\{z_n\}$ の無限個の点が含まれていると z は点列の集積点となり集積点がないことに矛盾する）．開集合 U_z, $z \in F$ の全体は明らかに F の開被覆となるから，F のコンパクト性により，U_z, $z \in F$ のなかから有限個の開集合 $U_1, \ldots, U_n$ を選べば，それらが F の被覆となる．ところが各 U_i には有限個の z_n しか含まれていないので，$\bigcup_{i=1}^{n} U_i$ は有限個の z_n しか含まない．したがって，F も有限個の z_n しか含まない．これは矛盾である． ∎

定理 1.2 の結論である，『F の任意の無限点列が F 内に集積点をもつ』という性質を集合 F がもつとき，集合 F は**点列コンパクト**であると呼ばれる．このような言葉を準備すれば，定理 1.2 の内容は『有界閉集合は点列コンパクトである』という形に述べることができる．問題 1.7 より複素平面のコンパクト集合 F は有界閉集合であるから，『複素平面のコンパクト集合は点列コンパクト集合である』がわかる．実は複素平面（もっと一般にユークリッド空間）において，コンパクト性と点列コンパクト性は同値であることが知られている．

練 習 問 題

1.1 以下の計算を行い，答えを $a+bi$ の形で求めよ．
  (1) $\dfrac{3+4i}{3-4i}$ (2) $(1-i)^{-4}$ (3) $(1+i)^5 - (1-i)^5$

1.2 以下の 2 次方程式を解け．
  (1) $z^2 - 2iz - 2 = 0$ (2) $z^2 - (3+i)z + (4+3i) = 0$

1.3 (1) $\sqrt{-i}$ (2) $\sqrt{3+4i}$ を計算せよ．

1.4 $|\alpha+\beta|^2 + |\alpha-\beta|^2 = 2(|\alpha|^2 + |\beta|^2)$ (中線定理) を示せ．

1.5 $|\alpha|=1$ または $|\beta|=1$ であるとき，$\left|\dfrac{\alpha-\beta}{1-\bar{\alpha}\beta}\right| = 1$ を示せ．

1.6 (1) $\lambda, \mu \geq 0$ が $\lambda + \mu = 1$ を満たすものとする．そのとき $|\alpha|, |\beta| < 1$ であるような複素数 α, β に対して，$|\lambda\alpha + \mu\beta| < 1$ であることを示せ．またこの不等式の幾何学的な意味を考えよ．
  (2) $\lambda_i \geq 0, |\alpha_i| < 1 \, (i=1,2,\ldots,n)$ で $\lambda_1 + \cdots + \lambda_n = 1$ ならば，$|\lambda_1\alpha_1 + \cdots + \lambda_n\alpha_n| < 1$ であることを示せ．

1.7 $|\alpha| < 1, |\beta| < 1$ ならば，$\left|\dfrac{\alpha-\beta}{1-\bar{\alpha}\beta}\right| < 1$ を示せ．

1.8 複素平面で複素数 α が表す点 A の直線 $y=x$ に関する対称点 B を表す複素数を求めよ．

1.9 $\triangle\alpha\beta\gamma$ と $\triangle\alpha'\beta'\gamma'$ が同じ向きに相似であって α と α'，β と β'，γ と γ' が対応するための必要十分条件は，

$$\begin{vmatrix} \alpha & \alpha' & 1 \\ \beta & \beta' & 1 \\ \gamma & \gamma' & 1 \end{vmatrix} = 0$$

であることを示せ．

1.10 $e^{i\theta} = \cos\theta + i\sin\theta$ を 3 乗することにより正弦と余弦の 3 倍角の公式

$$\cos 3\theta = 4\cos^3\theta - 3\cos\theta, \qquad \sin 3\theta = 3\sin\theta - 4\sin^3\theta$$

を導け．

1.11 公比が $z=e^{i\theta}$ の等比数列 $1 + z + z^2 + \cdots + z^n$ の和を計算することにより，

$$\sum_{k=0}^{n} \cos k\theta = \cos\frac{n}{2}\theta \, \frac{\sin\frac{(n+1)\theta}{2}}{\sin\frac{\theta}{2}}, \quad \sum_{k=1}^{n} \sin k\theta = \sin\frac{n}{2}\theta \, \frac{\sin\frac{(n+1)\theta}{2}}{\sin\frac{\theta}{2}}$$

を導け．

1.12 1 の 5 乗根を求めよ．さらにそれらを四則と平方根だけで表せ．

1.13 次のものを求めよ．
 (1) $\sqrt[4]{16}$ (2) $\sqrt[3]{-8i}$ (3) $\sqrt[2]{1+i}$ (4) $\sqrt[4]{2+2\sqrt{3}i}$

1.14 A を $0, 1, i, 1+1$ を頂点とする正方形の周および内部にある有理点（実部，虚部ともに有理数である複素数で表される点）全体のなす集合とする．そのとき A^o, ∂A および $\bar{A}$ を求めよ．

1.15 複素平面上の 2 点 α を始点，β を終点とする線分を適当なパラメータを用いて (1.31) の形に表せ．

1.16 中心 α 半径 ρ の円周を適当なパラメータを用いて表せ．

1.17 練習問題 1.14 の集合 A は連結集合か．

1.18 練習問題 1.14 において $\bar{A}$ はコンパクト集合か．

1.19 $S = \{i, i/2, i/3, \dots\}$ とする．
 (1) $S^o, \bar{S}$ を求めよ．
 (2) S は連結集合か．
 (3) S はコンパクトか，また $\bar{S}$ はどうか．

2 複素関数の微分

2.1 複素関数の連続性

複素数のある部分集合 D で定義され，複素数の値をとる関数を**複素関数**という．特に断らない限り，習慣に従い，独立変数を $z = x + iy$，従属変数を $w = u + iv$ で表し，複素関数を $w = f(z)$ と表す．複素数を（複素）平面上の点と同一視して，独立変数 $z = x + iy$ を表す複素平面を z 平面，従属変数 $w = u + iv$ を表す平面を w 平面と呼ぶことにすれば，複素関数 $f(z)$ は，z 平面の部分集合 D から w 平面への写像であるとみなすことができる．このとき関数 $f(z)$ が定義されている集合 $D \subset \mathbb{C}$ を関数の**定義域**という．特に断らなければ，定義域として関数 $f(z)$ が意味をもつような z の全体を考えることが多い．$f(z)$ の w 平面における**像集合**を，

$$f(D) = \{f(z) \mid z \in D\}$$

で定義する．複素関数 $w = f(z) = u + iv$ の実部 $u(z)$ と虚部 $v(z)$ は複素変数の実数値関数であるが，これらは実 2 変数 x および y の実数値関数であるともみなすことができるので，必要に応じて $\mathrm{Re}\, f(z) = u(z) = u(x, y)$ および $\mathrm{Im}\, f(z) = v(z) = v(x, y)$ 等と書く．すなわち

$$f(z) = u(z) + iv(z) = u(x, y) + iv(x, y) \qquad (2.1)$$

である．以後混乱のおそれがない場合には，複素関数を単に関数と呼ぶこともある．

例 2.1 定数関数 $f(z) = \alpha = a + ib$. この場合 $u(x,y) = a, v(x,y) = b$ であり, 実部も虚部も定数関数となる.

例 2.2 $w = f(z) = z^2$ は z 平面全体で定義された関数で $(x+iy)^2 = (x^2 - y^2) + 2xyi$ より

$$\operatorname{Re} f(z) = u(x,y) = x^2 - y^2, \quad \operatorname{Im} f(z) = v(x,y) = 2xy$$

である.

例 2.3 $w = J(z) = z + \dfrac{1}{z}$ は z 平面から原点を除いた集合で定義され,

$$\operatorname{Re} f(z) = u(x,y) = x + \frac{x}{x^2+y^2}, \quad \operatorname{Im} f(z) = v(x,y) = y - \frac{y}{x^2+y^2}$$

である. この関数を**ジュウコフスキー**（Joukowski）**関数（変換）**という.

例 2.4 $g(z) = \bar{z}$ は複素平面全体で定義された関数で, $\operatorname{Re} f(z) = x$, $\operatorname{Im} f(z) = -y$ である.

複素関数は複素数に値をとり，複素数の間には四則が定義されているから，実数値関数の場合と同様に D で定義された関数 $f(z)$ と $g(z)$ の四則演算 $f(z) \pm g(z), f(z)g(z), f(z)/g(z)$ を定めることができる．関数の和差および積は D で定義されているが，商 $f(z)/g(z)$ は D から $g(z)$ が零となる点を除いた集合で定義されることに注意しよう．次に $f(z)$ を z 平面のある部分集合 D で定義された複素関数，また複素関数 $F(w)$ は w 平面の部分集合 E で定義された複素関数で $f(D) \subset E$ とする．そのとき合成関数 $F(f(z))$ は D で定義された複素関数となる．

次に複素関数の極限値の概念を説明し，関数の連続性を定義しよう．まず最初に関数 $f(z) = u(x,y) + iv(x,y)$ がある開集合 D で定義されている場合を考える．$z = x + iy$ が $\alpha = a + bi$ 以外の値をとりながら限りなく α に近づくとき，$f(z)$ がある複素数 $\beta = c + di$ に近づくとする．言い換えれば，$|z - \alpha| \to 0 \ (z \ne \alpha)$ であるとき，$|f(z) - \beta| \to 0$ とする．そのとき z が α に近づくときの $f(z)$ の極限値は β であるといい,

$$\lim_{z \to \alpha} f(z) = \beta, \quad \text{または} \quad f(z) \to \beta \ (z \to \alpha) \tag{2.2}$$

と書く．関数 $f(z)$, $g(z)$ は開集合 D で定義されており，$z \to \alpha$ のとき $f(z) \to \beta$, $g(z) \to \gamma$ と仮定するなら，$z \to \alpha$ のとき

$$f(z) \pm g(z) \to \beta \pm \gamma, \quad f(z)g(z) \to \beta\gamma, \quad \frac{f(z)}{g(z)} \to \frac{\beta}{\gamma} \tag{2.3}$$

が成り立つ．ただし，最後の式においては，α の十分近くで $f(z) \neq 0$ であり，また極限値 $\gamma \neq 0$ であることを仮定する必要がある．また $f(z) \to \beta$ $(z \to \alpha)$ で $F(w) \to \gamma$ $(w \to \beta)$ ならば

$$F(f(z)) \to \gamma \ (z \to \alpha) \tag{2.4}$$

が成り立つ．(2.3) および (2.4) が成り立つことは，定義よりほとんど明らかのようにみえるが，これをきちんと証明することは，以下で述べる ϵ-δ 論法による形式論理の簡単な練習問題である．本書ではこのようなことにはあまり神経を使いたくないので，一応明らかとして先に進もう．

まず，開集合 D で定義された関数 $f(z)$ を考える．D の点 α において

$$\lim_{z \to \alpha} f(z) = f(\alpha) \tag{2.5}$$

が成り立つとき，関数 $f(z)$ は点 α で**連続**であると呼ばれる．関数 $f(z)$ が D の各点で連続であるとき，$f(z)$ は D で連続であると呼ばれる．関数 $f(z)$ が $\alpha \in D$ で連続とは，$|z-\alpha| \to 0$ のとき，$|f(z) - f(\alpha)| \to 0$ となることである．このような連続性の定義を ϵ-δ 論法を用いて，以下のように述べることができる．

"任意の $\epsilon > 0$ に対して適当に（十分小さい）$\delta > 0$ を選べば，$0 < |z - \alpha| < \delta$ を満たすようなすべての z に対して，$|f(z) - f(\alpha)| < \epsilon$ となる"．まったく同じことだが "任意の $\epsilon > 0$ に対して $\delta > 0$ を選べば，$f(V(\alpha, \delta)) \subset V(f(\alpha), \epsilon)$ とできる" という言い方でもよい．ただし，このような δ は一般的には ϵ と α に依存して定まることに注意する．

例 2.5 例 2.1～2.4 の関数はすべて開集合の上で定義された (例 2.4 以外は平面全体で定義されている) 連続関数である．

D が開集合の場合には D の点はすべて内点だから α の十分近くの点はすべて D の点である．D が開集合でなければ，内点でない $\alpha \in D$ については α にいくらでも近いところに D に属さない点があるから，極限値の定義においては，z を D 内を通って α に近づけなければならない．このように D 内での極限を考える場合は，$z \to \alpha$ の代わりに $z \to \alpha$ in D と書く．D における極限値に対しても (2.3) および (2.4) が成り立つ．また ϵ-δ 論法による連続性の定義においても，"$0 < |z - \alpha| < \delta$ を満たすすべての z に対して" の部分を "$0 < |z - \alpha| < \delta$ を満たし，D に含まれるすべての z に対して" と言い換える必要がある．すなわち，D を $\mathbb{C}$ の任意の部分集合として，D で定義された複素関数 $f(z)$ が $\alpha \in D$ で連続であるとは，"任意の $\epsilon > 0$ に対して，適当に $\delta > 0$ を選べば $f(V(\alpha, \delta) \cap D) \subset V(f(\alpha), \epsilon)$ とできる" ことをいう．特に α が D の孤立点である場合は δ を十分小さくとると，$0 < |z - \alpha| < \delta$ を満たす D の点はなくなってしまうので，孤立点においては無条件に連続であると約束することにする．D の各点で連続な関数を D で連続な関数と呼ぶ．

連続の定義と (2.3) および (2.4) より容易に，以下の事実を証明することができる．

$f(z)$, $g(z)$ は $z = \alpha$ で連続，また $F(w)$ は $w = \beta = f(\alpha)$ で連続と仮定する．そのとき $f(z) \pm g(z)$, $f(z)g(z)$ は $z = \alpha$ で連続であり，$g(\alpha) \neq 0$ なら $f(z)/g(z)$ も $z = \alpha$ で連続となる．また合成関数 $F(f(z))$ は $z = \alpha$ で連続となる．

以上複素変数の複素数値関数の極限値の定義，連続性の定義などを述べた．複素変数（または実2変数）の実数値関数について，極限値や連続性を定義するには，実数を複素数の特別なものと考えれば，先に述べた複素関数についての定義をそのまま形式的に当てはめるだけでよい．容易にわかるように，複素関数 $f(z) = u(x, y) + iv(x, y)$ が $z = \alpha = a + ib$ で連続であることと，実部の $u(z) = u(x, y)$ と虚部 $v(z) = v(x, y)$ が $z = a + ib$ で実数値関数として連続であることは同値である．

> **問題 2.1** 複素関数としての連続性が，実部および虚部の連続性と同値であることを示せ．

例 2.6 $F(z) = F(x,y) = |z| = \sqrt{x^2+y^2}$ は実数値の連続関数である．また $f(z) = u(x,y) + iv(x,y)$ が D で定義された連続関数なら，合成関数

$$F(f(z)) = |f(z)| = \sqrt{u^2(x,y)+v^2(x,y)}$$

は D で定義された連続関数になる．

複素関数 $f(z)$ を $D \subset \mathbb{C}$ で定義された連続関数とする．$\mathbb{C}$ の任意の部分集合 B に対して，D の点 z で $f(z) \in B$ となるもの全体を $f^{-1}(B)$ と書き，集合 B の関数 $f(z)$ による**原像**または**逆像**と呼ぶ．集合の記法を用いれば，

$$f^{-1}(B) = \{z \in D \mid f(z) \in B\}$$

である．

関数の連続性の概念を，開集合または閉集合をだけを用いて記述することが可能である．このような考え方は連続性の概念を一般的な空間 (位相空間) で定義する際に有用となる．定理の証明はすこし抽象的であるから，特に興味をもつ読者以外は結果だけを見るだけで十分であると思う．まず開集合と連続性については次の定理が成り立つ．

【定理 2.1】* 複素平面の集合 D で定義された関数 $f(z)$ が D で連続である必要十分条件は，任意の開集合 V に対して $V \cap f(D)$ の $f(z)$ による原像が適当な開集合 U と D との共通部分として表されることである．すなわち，$f^{-1}(V \cap f(D)) = U \cap D$ となることである．

証明 まず，$f(z)$ が連続であると仮定して，任意の平面の開集合 V に対して，$f^{-1}(V \cap f(D)) = D \cap U$ となる開集合 U がとれることを示そう．任意の $\alpha \in f^{-1}(V \cap f(D))$ 対して，$f(z)$ は α で連続であるから，適当な α を含む開集合 U_α があって，$f(U_\alpha \cap D) \subset V$ とすることができる．ここで得られた開集合の族 U_α ($\alpha \in f^{-1}(V \cap f(D))$) のすべての和集合を U とおくと，U は開集合となる (第 1 章問題 1.5(2) の結果より，開集合族の和集合はまた開集合になる!)．ここで得られた U が $f^{-1}(V \cap f(D)) = D \cap U$ を満たすことを示そう．実際 $\beta \in f^{-1}(V \cap f(D))$ に対して，$\beta \in D$ であり $\beta \in U_\beta \subset U$ であるから，

$\beta \in D \cap U$ である.また $\beta \in D \cap U$ なら $\beta \in D \cap U_\beta$ であり,U_β の定義より,$f(\beta) \in f(U_\beta) \cap D \subset V$ であるから,$\beta \in f^{-1}(f(D) \cap V)$ であることがわかる.

逆に任意の開集合 V に対して $f^{-1}(V \cap f(D)) = D \cap U$ となる開集合 U がとれるなら,$f(z)$ は D で連続である.これを示すには,V として $V = V(f(\alpha), \epsilon)$ をとる.仮定より α を含む開集合 U_α がとれて,$f^{-1}(V \cap f(D)) = D \cap U_\alpha$ となる.U_α は α を含む開集合であるから,適当に $\delta > 0$ をとれば,$V(\alpha, \delta) \subset U_\alpha$ となるので,仮定から,$V(\alpha, \delta) \cap D \subset f^{-1}(V \cap f(D))$ である.よって $f(V(\alpha, \delta) \cap D) \subset V(f(\alpha), \epsilon)$ を得る.以上で定理が示された. ∎

上記の定理から,開集合の補集合が閉集合であることに注意すれば,以下の定理が得られる.

【定理 2.2】* 複素平面の集合 D で定義された関数 $f(z)$ が,D で連続であるための必要十分条件は,任意の閉集合 F に対して $F \cap f(D)$ の原像がある閉集合 K を用いて $f^{-1}(F \cap f(D)) = K \cap D$ と表されることである.

証明 証明は極めて形式的である.$f(z)$ が D で連続と仮定し,F を任意の閉集合とする.定理 2.1 により開集合 $V = F^c$(閉集合の補集合)に対して,ある開集合 U があって $f^{-1}(F^c \cap f(D)) = U \cap D$ となる.容易に $f^{-1}(F \cap f(D)) = V^c \cap D$ であることがわかるから,$K = V^c$ とおけば,K は閉集合で $f^{-1}(F \cap f(D)) = K \cap D$ となる.

逆に任意の閉集合 F に対して,$f^{-1}(F \cap f(D)) = K \cap D$ となる閉集合 K があると仮定する.そのとき $f^{-1}(F^c \cap f(D)) = K^c \cap D$ であることに注意して,任意の開集合 U に対して $F = U^c$ ととれば $F^c = U$ であるから,$f^{-1}(U \cap f(D)) = K^c \cap D$ となる.したがって,定理 2.1 により $f(z)$ は D で連続となる. ∎

【系 2.1】 1 点からなる集合は閉集合であるから,平面全体で定義された複素数値連続関数の 1 点 $\beta \in f(\mathbb{C})$ の原像 $f^{-1}(\beta) = \{z \in \mathbb{C} | f(z) = \beta\}$ は閉集合である.

問題 2.2 f を z 平面の開集合 D で定義された連続な関数とする．そのとき連結集合 $A \subset D$ の f による像 $f(A)$ は w 平面の連結集合となる．このことを示せ．

最後にコンパクト集合上で定義された連続関数の性質についてすこし述べる．

【定理 2.3】＊ コンパクト集合 K 上で定義された連続な複素関数 $f(z)$ に対して，$f(K)$ はコンパクト集合になる．

証明 $f(K)$ の任意の開被覆を V_λ, $\lambda \in \Lambda$ とする．$f(z)$ の連続性により $K \cap U_\lambda = f^{-1}(f(K) \cap V_\lambda)$ となる開集合 U_λ がとれる．明らかに U_λ, $\lambda \in \Lambda$ は K の開被覆となるから，K のコンパクト性により U_λ, $\lambda \in \Lambda$ から有限個の開被覆 $U_1, \ldots, U_n$ を選び出すことができる．そのとき $V_1, \ldots, V_n$ が $f(K)$ の有限開被覆となることは明らかであろう．よって $f(K)$ はコンパクト集合である． ■

【定理 2.4】＊ コンパクト集合 K 上で定義された連続な複素関数を $f(z)$ とするとき $|f(z)|$ は K 上で最大値をとる．

証明 概略を述べる．$f(K)$ はコンパクト集合であるから有界閉集合である．したがって，そのなかで絶対値が最大になる点がある．（このことは直観的には明らかなようにみえるが，実際に示そうとすれば，実数の連続性が必要になる）．そのような点を $f(z_0)$ とおくと，$|f(z_0)|$ が求める最大値となる． ■

2.2 複素関数の微分

複素関数 $f(z)$ は z 平面の領域（連結開集合）D で定義されているとする．D の一点 α で極限値

$$\lim_{z \to \alpha} \frac{f(z) - f(\alpha)}{z - \alpha} \tag{2.6}$$

が存在するとき，関数 $f(z)$ は $z = \alpha$ で**微分可能**であるといい，この極限値を $f'(\alpha), \dfrac{df}{dz}(\alpha)$ などで表して，$f(z)$ の $z = \alpha$ における**微分係数**と呼ぶ．いま $\dfrac{f(z) - f(\alpha)}{z - \alpha} - f'(\alpha) = \eta(z, \alpha)$ すなわち，

$$f(z) - f(\alpha) = f'(\alpha)(z - \alpha) + \eta(z, \alpha)(z - \alpha) \tag{2.7}$$

とおけば，$z \to \alpha$ のとき $\eta(z, \alpha) \to 0$ となる．ここで，(2.7) を眺めれば，$z = \alpha$ において微分可能な関数は $z = \alpha$ において連続になることがわかる．

ここでの複素関数の微分係数の定義は微分学における実 1 変数関数 $f(x)$ の $x = a$ における微分係数の定義

$$\lim_{x \to a} \frac{f(x) - f(a)}{x - a} \tag{2.8}$$

と形式的にはまったく同じである．したがって，実変数関数の場合と同様にして，複素関数 $f(z), g(z)$ がともに $z = \alpha$ で微分可能なら，$f(z) \pm g(z), f(z)g(z)$ および $f(z)/g(z)$（ただし商 $f(z)/g(z)$ については $g(\alpha) \neq 0$ を仮定する）は，いずれも $z = \alpha$ で微分可能であり，微分係数はそれぞれ

$$f'(\alpha) \pm g'(\alpha), \quad f'(\alpha)g(\alpha) + f(\alpha)g'(\alpha) \tag{2.9}$$

および

$$\frac{f'(\alpha)g(\alpha) - f(\alpha)g'(\alpha)}{g(\alpha)^2} \tag{2.10}$$

で計算されることがわかる．

次に合成関数の微分について考える．複素関数 $f(z)$ は z 平面の領域 D で定義され，複素関数 $F(w)$ は w 平面の領域 E で定義されて，$f(D) \subset E$ とする．$f(z)$ は $z = \alpha$ で微分可能であり，$F(w)$ は $w = \beta = f(\alpha)$ で微分可能ならば，D で定義された合成関数 $F(f(z))$ は $z = \alpha$ で微分可能で，その微分係数は

$$\left. \frac{d}{dz} \right|_{z=\alpha} F(f(z)) = F'(\beta)f'(\alpha) \tag{2.11}$$

で与えられる．これも実変数関数の場合とまったく同様に証明される．

実 1 変数関数の微分係数の定義 (2.8) においては，x についての右からの極限（$x \to a + 0$ と書く）および，左からの極限（$x \to a - 0$ と書く）がともに存在して一致することを要請する．それに比べて定義 (2.6) では任意の方向からの極限がすべて存在して，その極限値が方向によらないことを要請している．これは思いのほかに強い条件であり，そのために微分可能（または正則）な複素関数の世界は非常に豊かで，実り多いものとなる．

2.2 複素関数の微分

例 2.7 例 2.5 で与えた $f(z) = \bar{z} = x - iy$ を考える．$z - \alpha = h + ik$ とおく．$k = 0$ として実軸に沿って $z - \alpha = h \to 0$ とすれば $(f(z) - f(\alpha))/(z - \alpha) = (\bar{z} - \bar{\alpha})/(z - \alpha) = h/h = 1$ また $h = 0$ として虚軸に沿って $z - \alpha = ik \to 0$ とすれば $(f(z) - f(\alpha))/(z - \alpha) = (-ik)/(ik) = -1$ となり極限 (2.6) は存在しない．

$z = x + iy$, $\alpha = a + ib$, $f(z) = u(x,y) + iv(x,y)$ とし，$z - \alpha = (x - a) + i(y - b) = h + ik$ とおく．$f(z)$ が $z = \alpha$ で微分可能であり，$f'(\alpha) = A + iB$ とする．これらを (2.7) に代入し，さらに $\eta(z, \alpha) = p(x,y) + iq(x,y)$ とおいて (2.7) の左辺と右辺の実部と虚部を比較すれば，

$$\begin{aligned} u(a+h, b+k) - u(a,b) &= Ah - Bk + ph - qk \\ v(a+h, b+k) - v(a,b) &= Bh + Ak + qh + pk \end{aligned} \quad (2.12)$$

が得られる．ここで $x \to a, x \to b$ のとき，$p(x,y) \to 0, q(x,y) \to 0$ である．したがって，$u(x,y)$ および $v(x,y)$ は $(x,y) = (a,b)$ で全微分可能であり，

$$A = \frac{\partial u}{\partial x}(a,b) = \frac{\partial v}{\partial y}(a,b), \quad B = -\frac{\partial u}{\partial y}(a,b) = \frac{\partial v}{\partial x}(a,b) \quad (2.13)$$

が成り立つ．

注意 ここで念のため実 2 変数関数の全微分可能性について復習する．実 2 変数の関数 $\varphi(x,y)$ が $x = a, y = b$ で全微分可能とは，$h, k \to 0$ のとき $\epsilon(h,k) \to 0$ となる関数 $\epsilon(h,k)$ と定数 K, L を用いて，

$$\varphi(a+h, y+k) - \varphi(a,b) = Kh + Lk + \epsilon(h,k)\sqrt{h^2 + k^2} \quad (2.14)$$

と表されるときをいう．明らかに $\varphi(x,y)$ が (a,b) で全微分可能なら，$\varphi(x,y)$ は (a,b) で偏微分可能で $\varphi_x(a,b) = K, \varphi_y(a,b) = L$ である．関数 $\varphi(x,y)$ が平面の領域 D で C^1 級，すなわち D の各点で偏微分可能で偏導関数 $\varphi_x(x,y), \varphi_y(x,y)$ が連続ならば，$\varphi(x,y)$ は D の各点で全微分可能であり，(2.14) で $K = \varphi_x(a,b), L = \varphi_y(a,b)$ である．

問題 2.3 (2.12) より $f(z) = u(x,y) + iv(x,y)$ が (a,b) で微分可能ならば，$u(x,y), v(x,y)$ は (a,b) で全微分可能であることを定義に基づいて確かめよ．

(2.6) で $z \to \alpha$ の極限をとる際に，実軸に沿って，すなわち $z - \alpha = h$ ($k = 0$) とおいて $h \to 0$ とすれば，

$$A + iB = \lim_{h \to 0} \frac{u(a+h, b) + iv(a+h, b) - u(a, b) - iv(a, b)}{h}$$
$$= u_x(a, b) + iv_x(a, b)$$

であり，虚軸に沿って，すなわち $z - \alpha = ik$ ($h = 0$) とおいて $k \to 0$ とすれば，同様にして，$A + iB = (u_y(a, b) + iv_y(a, b))/i = v_y(a, b) - iu_y(a, b)$ を得る．したがって，実部と虚部を比較して，再び (2.13) を得る．よって (2.13) は実軸方向からの極限と虚軸方向からの極限が一致することを表している．(2.13) を**コーシー・リーマン**（Cauchy-Riemann）**の関係式**と呼ぶ．

逆に $f(z)$ の実部と虚部 $u(x, y)$ および $v(x, y)$ が (a, b) で全微分可能で関係式 (2.13) が成り立つとする．全微分可能性より，$u(x, y), v(x, y)$ は (a, b) で偏微分可能であり，(2.13) から $u_x(a, b) = v_y(a, b) = A, u_y(a, b) = -v_x(a, b) = -B$ とおくと

$$\begin{aligned} u(a+h, b+k) - u(a, b) &= Ah - Bk + \epsilon_1 \sqrt{h^2 + k^2} \\ v(a+h, b+k) - v(a, b) &= Bh + Ak + \epsilon_2 \sqrt{h^2 + k^2} \end{aligned} \quad (2.15)$$

が成り立つ．ここで，$h, k \to 0$ のとき $\epsilon_1, \epsilon_2 \to 0$ である．(2.15) の 1 式に 2 式に i をかけたものを加えれば，

$$f(z) - f(\alpha) = (A + iB)(h + ik) + (\epsilon_1 + i\epsilon_2)\sqrt{h^2 + k^2} \quad (2.16)$$

を得る．(2.16) の両辺を $z - \alpha = h + ik$ で割って，$z - \alpha \to 0$，すなわち $h, k \to 0$ とする．そのとき $\epsilon_1, \epsilon_2 \to 0$ であり，また $|\sqrt{h^2 + k^2}/(h + ik)| = 1$ に注意すれば，
$$\frac{f(z) - f(\alpha)}{z - \alpha} \to A + iB$$
が得られる．したがって，$f(z)$ は $z = \alpha$ で微分可能である．以上をまとめて以下の定理を得る．

【定理 2.5】 複素平面の領域 D で定義された複素関数 $f(z) = u(x,y) + iv(x,y)$ が $\alpha = a + ib \in D$ で微分可能であるための必要十分条件は，$u(x,y), v(x,y)$ が点 (a,b) で全微分可能で，かつコーシー・リーマンの関係式 (2.13) が成り立つことである．またそのとき微分係数 $f'(\alpha)$ は
$$f'(\alpha) = u_x(a,b) + iv_x(a,b) = v_y(a,b) - iu_y(a,b) \tag{2.17}$$
で計算される．

例 2.8 例 2.7 の関数 $f(z) = \bar{z}$ では $u(x,y) = x, v(x,y) = -y$ だから，$u_x(x,y) = 1, v_y(x,y) = -1$ となってコーシー・リーマンの関係式は成り立たない．

問題 2.4 複素平面全体で連続な関数 $f(z) = \sqrt{|xy|}$ $(z = x + iy)$ は，$z = 0$ においてコーシー・リーマンの関係式を満たすが，$z = 0$ では微分可能ではないことを示せ．

2.3 正則関数と等角写像

開集合 U で定義された関数 $f(z)$ が U のすべての点で微分可能で，$f'(z)$ が U で連続であるとき $f(z)$ は U で**正則** (holomorphic) であるといい，対応 $z \in U \longrightarrow f'(z)$ により $f(z)$ の連続な導関数 $f'(z)$ が定義される．いま $f(z) = u(x,y) + iv(x,y)$ とおくと，$u(x,y), v(x,y)$ は U においてコーシー・リーマンの関係式を満たし，(2.16) より導関数は，$f'(z) = u_x(x,y) + iv_x(x,y) = v_y(x,y) - iu_y(x,y)$ で計算される．特に，$f(z)$ が複素平面全体で正則ならば，$f(z)$ は**整関数**であると呼ばれる．開集合 U で正則な関数の和差および積は U

で正則な関数であり導関数は (2.9) に従って計算される．U で正則な関数の商は D から分母が 0 となる点（閉集合となる）を除いた開集合で正則であり，その導関数は (2.10) に従って計算される．関数 $f(z)$ が開集合 U で正則，$F(w)$ が w 平面の開集合 V で正則であり，$f(U) \subset V$ ならば合成関数 $\Phi(z) = F(f(z))$ は U で正則で，導関数は (2.11) より，$\Phi'(z) = F'(f(z))f'(z)$ で計算される．

例 2.9 $f(z) = z^n \ (n \in \mathbb{Z})$ は $n \geq 0$ なら整関数であり，$n < 0$ なら平面全体から原点を除いた領域で正則な関数である．導関数はいずれの場合にも $f'(z) = nz^{n-1}$ で与えられる．

問題 2.5 n を整数として $f(z) = z^n$ のとき $f'(z) = nz^{n-1}$ であることを示せ．

例 2.10 n を正の整数，$\alpha_n, \ldots, \alpha_0$ を定数として，多項式

$$f(z) = \alpha_n z^n + \cdots + \alpha_1 z + \alpha_0$$

は整関数である．

例 2.11 m, n を正の整数，$\alpha_n, \ldots, \alpha_0, \beta_m, \ldots, \beta_0$ を定数として有理関数

$$\frac{\alpha_n z^n + \cdots + \alpha_1 z + \alpha_0}{\beta_m z^m + \cdots + \beta_1 z + \beta_0} \ (\beta_m \neq 0)$$

を考える．分母の零点は代数学の基本定理より有限個であり閉集合．したがって，有理関数は全平面から分母の零点集合を除いた領域で正則（分母と分子の共通零点があればその点は除かなくてもよい）である．

例 2.12 $f(z) = e^x(\cos y + i \sin y)$ を考える．そのとき

$$\operatorname{Re} f(z) = u(x, y) = e^x \cos y, \quad \operatorname{Im} f(z) = v(x, y) = e^x \sin y$$

であり，これらは複素平面の各点で連続な偏導関数をもち，コーシー・リーマンの関係式を満たす．したがって整関数である．導関数は (2.17) によって計算され，$f'(z) = u_x(x, y) + v_x(x, y) = v_y(x, y) - iu_x(x, y) = f(z)$ である．後で述べるように $f(z)$ は複素変数の指数関数 e^z である．

A を平面の点集合とする．$f(z)$ が A で**正則**であるとは，$f(z)$ が A を含むある開集合 U で定義されていて，$f(z)$ が U で正則であることと定義する．特に，$f(z)$ が **1 点** z_0 で**正則**であるのは，z_0 のある近傍 (z_0 を含む開集合のこと) で $f(z)$ が正則であるときである．

例 2.13 $f(z) = |z|^2 = x^2 + y^2$ を考える．$\operatorname{Re} f(z) = x^2 + y^2, \operatorname{Im} f(z) = 0$ である．$u(x, y), v(x, y)$ は平面全体で連続な導関数をもつが，原点 $z = 0$ 以外ではコーシー・リーマンの関係式を満たさない．したがって $f(z)$ は原点において微分可能であるが，正則ではない．

問題 2.6 $f(z) = xy$ について例 2.13 と同様の事実を確かめ，前節の問題 2.4 の結果と比較せよ．

定数関数 $f(z) = \alpha$ は平面全体で正則であり，$f'(z) = 0$ となるが，逆に次の定理が成り立つ．

【定理 2.6】 $f(z) = u(x, y) + iv(x, y)$ は領域（連結な開集合）D で正則な関数で以下のいずれかが成り立っているとする．
  (1) D のすべての点で $f'(z) = 0$ である．
  (2) D で $u(x, y)$ または $v(x, y)$ が定数である．
  (3) D で $|f(z)|$ が定数である
そのとき $f(z)$ は D で定数関数である．

証明 この定理の証明は決して難しくはないが，準備のための補題の部分が，やや数学的趣味に偏っている．まず以下の補題から始めよう．

【補題 2.1】 平面の領域 D で C^1 級の実数値関数 $F(x, y)$ が D で $F_x(x, y) = F_y(x, y) = 0$ を満たすなら $F(x, y)$ は D で定数である．

補題の証明 まず $F(a, b) = c$ とすると，(a, b) は D の内点であるから十分小さな ϵ をとれば (a, b) の ϵ 近傍 $V((a, b), \epsilon)$ は D に含まれる．そこでまず $V((a, b), \epsilon)$ において $F(x, y) = c$ であることを示そう．そのために，以下の公式が必要である．

$$F(a+h, b+k) - F(a,b)$$
$$= h\int_0^1 F_x(a+th, b+tk)dt + k\int_0^1 F_y(a+th, b+tk)dt \quad (2.18)$$

この公式を用いれば，D で $F_x = F_y = 0$ であるから直ちに補題の結論が得られる．公式 (2.18) は

$$\frac{d}{dt}F_x(a+th, b+tk) = hF_x(a+th, b+tk) + kF_y(a+th, b+tk)$$

を t に関して 0 から 1 まで積分して得られる．

したがって，集合 $U = F^{-1}(c) = \{(x,y) \in D \mid F(x,y) = c\}$ は開集合であることがわかる．ところが $F(x,y)$ は D で連続であることから $V = \{(x,y) \in D \mid F(x,y) \neq c\}$ も開集合となる．明らかに $D = U \cap V$ かつ $U \cap V = \emptyset$ である．したがって D の連結性より，$U = D, V = \emptyset$ または $U = \emptyset, V = D$ になる．$(a,b) \in U$ なので後者が起きることはない．よって $D = U$，すなわち D で $F(x,y) = c$ となる．これで補題 2.1 の証明が終了した． ∎

問題 2.7 上記の証明中に定義された集合 V が開集合であることを示せ．

定理の証明に戻ろう．まず (1) は，D において $f'(z) = 0$ なら，D で $u_x(x,y) = u_y(x,y) = v_x(x,y) = v_y(x,y) = 0$ が成り立つことに注意すれば，補題 2.1 より直ちに結論が従う．次に (2) を示す．$f(z)$ が D で正則なので $u(x,y), v(x,y)$ は D で C^1 級である．$u(x,y) = \text{const.}$ ならば $u_x(x,y) = u_y(x,y) = 0$ であり，コーシー・リーマンの関係式により $v_x(x,y) = v_y(x,y) = 0$ を得る．したがって，補題 2.1 より $u(x,y), v(x,y)$ は D で定数となり，$f(z)$ は D で定数関数となる．これで (2) が示された．(3) を示そう．仮定より D で $|f(z)| = c = \text{const.}$ とする．$c = 0$ ならば D で $|f(z)| = 0$ すなわち $f(z) = 0$ となる．$c \neq 0$ の場合 $u^2(x,y) + v^2(x,y) = c^2 \neq 0$ である．この式を x および y で偏微分してコーシー・リーマンの関係式を用いると，

$$uu_x + vv_x = uu_x - vu_y = 0, \quad uu_y + vv_y = uu_y + vu_x = 0$$

が得られる．第 1 式, 第 2 式にそれぞれ u, v をかけて加えると，$(u^2 + v^2)u_x = c^2 u_x = 0$ となるので，$c \neq 0$ より $u_x = 0$ を得る．同様に $u_y = 0$ であることもわかる．したがって，(2) の結果より $f(z)$ は D で定数である． ∎

第4章で示すように，正則関数の導関数は再び正則関数になる．したがって，領域 D で正則な関数 $f(z)$ の実部 $u(x,y)$ および虚部 $v(x,y)$ は D で C^∞ 級すなわち任意階数の高階偏導関数がすべて連続となる．コーシー・リーマンの関係式を用い，微分の順序を変更すれば，

$$u_{xx} = \frac{\partial}{\partial x} u_x = \frac{\partial}{\partial x} v_y = \frac{\partial}{\partial y} v_x = -\frac{\partial}{\partial y} u_y = -u_{yy}$$

となり，$u(x,y)$ は領域 D で微分方程式

$$\frac{\partial^2 u}{\partial x^2} + \frac{\partial^2 u}{\partial y^2} = u_{xx} + u_{yy} = 0 \tag{2.19}$$

を満たすことがわかる．まったく同様にして $v(x,y)$ も (2.19) を満たす．微分方程式 (2.19) を満たす実数値関数 $u(x,y)$ を**調和関数**と呼ぶ．さらに領域 D で調和な関数 $u(x,y)$ と $v(x,y)$ がコーシー・リーマンの関係式を満たすとき，$v(x,y)$ を $u(x,y)$ に**共役な調和関数**という．

> **問題 2.8** (1) $v(x,y)$ が $u(x,y)$ に共役な調和関数なら $u(x,y)$ は $-v(x,y)$ に共役な調和関数であることを示せ．
> (2) 領域 D で調和な関数 $u(x,y)$ に対して D における共役な調和関数 $v(x,y)$ が存在するとすれば定数の差を除いて一意的であることを示せ．

以上の議論により以下の定理が得られた．

【定理 2.7】 $f(z)$ を領域 D で正則な関数とし，その実部と虚部をそれぞれ $u(x,y), v(x,y)$ とおけば，$u(x,y)$ は D で調和な関数で $v(x,y)$ は $u(x,y)$ に共役な調和関数となる．

次に正則関数の等角性について論じよう．$f(z)$ が領域 D で連続であり，z 平面上の曲線：$z(t)(a \leq t \leq b)$ が領域 D に含まれているとする．そのとき，$w(t) = f(z(t))(a \leq t \leq b)$ は w 平面上の曲線 Γ を定義するが，これを $f(z)$ による曲線 C の像という．もうすこし仮定を強めて $f(z)$ は D で正則な関数であり，曲線 $C: z(t)$ は正則曲線（滑らかな曲線）とする．そのとき $a < t_0 < b$ について $z'(t_0)$（曲線の正則性の仮定から $z'(t_0) \neq 0$ である）は $z_0 = z(t_0)$ にお

ける曲線 C の接ベクトルであり，この接ベクトルと実軸のなす角度は $\arg z'(t_0)$ である．一方，像曲線 $\Gamma : w(t)$ については，

$$w'(t_0) = f'(z(t_0))z'(t_0) \tag{2.20}$$

であるから，$f'(z(t_0)) = f'(z_0) \neq 0$ なら $w_0 = f(z_0)$ において像曲線は接線をもち，その接ベクトルは (2.20) で与えられる．この接ベクトルと w 平面の実軸のなす角度は

$$\arg w'(t_0) = \arg f'(z_0) + \arg z'(t_0)$$

であり，この式から w 平面において像曲線 Γ の $w = w_0 = f(z_0)$ での接線と実軸のなす角度は z 平面で曲線 C の $z = z_0$ での接線が実軸となす角度に，曲線とは無関係な定数 $\arg f'(z_0)$ を加えたものになることがわかる．以上により，以下の定理が証明された．

【定理 2.8】 複素関数 $f(z)$ が $z = z_0$ で正則であって，$f'(z_0) \neq 0$ であるとする．そのとき $z = z_0$ で接線をもつ二つの曲線を C_1, C_2 とし，その $f(z)$ による像曲線をそれぞれ Γ_1, Γ_2 とすれば，Γ_1, Γ_2 はともに $w_0 = f(z_0)$ で接線をもち，$z = z_0$ における C_1, C_1 の接線のなす角度と，$w = w_0$ における Γ_1, Γ_2 の接線のなす角度は，向きまでこめて等しくなる．この事実に鑑み，正則関数 $f(z)$ は $f'(z) \neq 0$ となる点で**等角**であるという．

ここでは証明しないが，写像の等角性から正則性が従うことも知られている．すなわち

【定理 2.9】 複素関数 $f(z) = u(x,y) + iv(x,y)$ において，$u(x,y), v(x,y)$ が全微分可能であり，かつ $f(z)$ が $z = z_0$ を含む適当な開集合で等角な写像を定義するなら，$f(z)$ は $z = z_0$ で正則であり，$f'(z_0) \neq 0$ である．

最後に正則関数の逆関数の存在と正則性についての定理を述べよう．この定理も先を急ぐ場合は結果だけを信じてもよい．

【定理 2.10】 領域 D で正則な関数 $w = f(z)$ が一点 $\alpha \in D$ において $f'(\alpha) \neq 0$ を満たせば，$z = \alpha$ を含む適当な開集合 $U \subset D$ が $\beta = f(\alpha)$ を含む w 平面の開集合 V と 1 対 1 に対応し，V で定義された $f(z)$ の逆関数 $g(w)$ が存在する．さらに，ここで存在を主張する $f(z)$ の逆関数 $g(z)$ は V で正則でその導関数は逆関数の微分の公式

$$\frac{dg}{dw} = \frac{1}{f'(g(w))} \qquad (2.21)$$

で計算される．

証明 本質は 2 次元の逆写像定理である．$f(z) = u(x,y) + iv(x,y)$ を z 平面の領域 D で定義された w 平面への写像とみなすとき $z = \alpha = a + ib$ におけるヤコビ行列式（Jacobian）$J(a,b)$ の値はコーシー・リーマンの関係式により

$$J(a,b) = \frac{\partial(u,v)}{\partial(x,y)} = \begin{vmatrix} u_x & u_y \\ v_x & v_y \end{vmatrix} = u_x v_y - u_y v_x = u_x^2 + v_x^2 = |u_x + iv_x|^2 = |f'(\alpha)|^2$$

と計算される．仮定より $f'(\alpha) \neq 0$ であるから逆写像定理により定理の前半部分（C^1 級の逆写像の存在）がいえる．後半部分を示そう．これも逆写像定理による．$g(w) = X(u,v) + iY(u,v)$ とおくと，逆写像の定義より $(x,y) \in U$ に対して

$$X(u(x,y), v(x,y)) = x, \qquad Y(u(x,y), v(x,y)) = y \qquad (2.22)$$

であるから，合成関数の微分則（チェインルール）によって

$$X_u u_x + X_v v_x = 1, \quad X_u u_y + X_v v_y = 0, \quad Y_u u_x + Y_v v_x = 0, \quad Y_u u_y + Y_v v_y = 1$$

すなわち

$$\begin{pmatrix} X_u & X_v \\ Y_u & Y_v \end{pmatrix} \begin{pmatrix} u_x & u_y \\ v_x & v_y \end{pmatrix} = \begin{pmatrix} X_u & X_v \\ Y_u & Y_v \end{pmatrix} \begin{pmatrix} u_x & -v_x \\ v_x & u_x \end{pmatrix} = \begin{pmatrix} 1 & 0 \\ 0 & 1 \end{pmatrix}$$

が得られる．ここで第1項から第2項への変形はコーシー・リーマンの関係式による．これより

$$\begin{pmatrix} X_u & X_v \\ Y_u & Y_v \end{pmatrix} = \frac{1}{u_x^2 + v_x^2} \begin{pmatrix} u_x & v_x \\ -v_x & u_x \end{pmatrix}$$

が得られるから $X_u = Y_v = u_x/(u_x^2+v_x^2)$, $Y_u = -X_v = -v_x/(u_x^2+v_x^2)$ であることがわかる．したがって $g(w) = X + iY$ は u, v 変数に関してコーシー・リーマンの関係式を満たしていることになり，V で正則である．さらに $g(w)$ の導関数は，$dg/dw = X_u + iY_u = (u_x - iv_x)/(u_x^2+v_x^2) = 1/(u_x+iv_x) = 1/f(g(w))$ で計算されることもわかる． ∎

注意 定理の前半で正則な逆関数 $g(w)$ の存在が示されたので，$g(w)$ の導関数の表示 (2.21) を求めるには，1変数の場合と同様に，恒等式 $w = f(g(w))$ の両辺を，合成関数の微分の公式 (2.11) を用いて w で微分してもよい．

練習問題

2.1 $f(0) = 0$ と $f(z) = \dfrac{xy^2(x+iy)}{x^2+y^4}$ $(z \neq 0)$ で定義される複素平面全体で連続な関数 $f(z)$ は $z=0$ でコーシー・リーマンの関係式を満たすが，$z=0$ では微分可能ではないことを示せ．

2.2 $u(x,y) = x + \dfrac{x}{x^2+y^2}$, $v(x,y) = y - \dfrac{y}{x^2+y^2}$ として，$f(z) = u(x,y) + iv(x,y)$ で定義される関数は，z 平面から $z=0$ を除いた領域で正則であることを示せ．またその導関数を求めよ．

2.3 領域 D で定義された正則関数 $f(z)$ がすべての点で実数値をとるか，またはすべての点で純虚数値をとるなら $f(z)$ は定数であることを示せ．(この結果から例 2.13 で取り上げた $f(z) = |z|^2$ が正則でないことが再び示される．)

2.4 領域 D で定義され，決して 0 にならない正則関数 $f(z)$ の偏角 $\arg f(z)$ が一定ならば $f(z)$ は定数であることを示せ．

2.5 $u(x,y) = ax^2 - 2bxy + cy^2$ の形をした調和関数（多項式）の一般形を求めよ．次にその多項式に共役な調和多項式 $v(x,y)$ を求めよ．そのとき $f(z) = u(x,y) + iv(x,y)$ はどのような複素関数になるか．

2.6 $u(x,y) = xe^x \cos y - ye^x \sin y$ は調和関数であることを示し，それに共役な調和関数を求めよ．

2.7 $u(x,y) = \log(x^2 + y^2)$ は全平面から原点を除いた領域で調和であることを示せ．またそれに共役な調和関数を求めよ．

3 無限級数と初等関数

本章では無限級数の基礎を学び，さらに無限級数の代表例であるベキ級数を用いて，指数関数，3角関数，対数関数などの具体的な正則関数を定義し，その性質を調べる．通常，実無限級数は微分積分学（または解析学）で学ぶことになっているが，きちんと講義しようとすると，収束に関する議論が面倒なこともあり，時間不足で，ほとんど講義されていないことも多い．しかし本書の主題である正則関数を論ずるためには，無限級数とりわけベキ級数は欠くことのできない道具である．そこで本章では他の参考書を参照しなくてよいように，無限級数についてかなり詳しく説明した．したがって，無限級数についてすでに学んでいて，ある程度知識がある読者は，適当に読みとばしてもよい．またそうでなくても 3.4 節のベキ級数から読み始めて，収束半径やベキ級数の項別微分可能性に関する必要な定理については，結果を認め，例，問題，または練習問題等で定理の適用例をみるだけにして，3.5 節の初等関数に進むという読み方も可能である．

3.1 無限級数

各項 $\alpha_1, \alpha_2, \ldots, \alpha_n, \ldots$ が複素数であるような数列 $\{\alpha_n\}$ を**複素数列**，または（各項を複素平面の点とみて）**点列**という．以後複素数列のことを単に数列ということもある．自然数 n を限りなく大きくするとき，α_n が複素数 α に限りなく近づく（$|\alpha_n - \alpha| \to 0$ となる）ならば，数列 $\{\alpha_n\}$ は $n \to \infty$ で α に**収束する**といい，

$$\lim_{n \to \infty} \alpha_n = \alpha \tag{3.1}$$

または $\alpha_n \to \alpha \ (n \to \infty)$ と書く．言い換えれば，任意の $\epsilon > 0$ に対して適当な自然数 N をとれば $n \geq N$ を満たすすべての自然数 n について $|\alpha_n - \alpha| < \epsilon$ であるとき，(3.1) のように書くのである．複素数列が収束しないとき**発散する**という．複素数列の各項を実部と虚部に分けて $\alpha_n = a_n + ib_n$ とし，さらに $\alpha = a + ib$ とおけば $\alpha_n \to \alpha \ (\to \infty)$ であるための必要十分条件は，その実部 a_n と虚部 b_n がそれぞれ a, b へ収束することである．

問題 3.1 この事実を示せ．ただし
$$\max\{|a_n - a|, |b_n - b|\} \leq |\alpha_n - \alpha| \leq |a_n - a| + |b_n - b| \tag{3.2}$$
であることに注意せよ．

複素数列 $\{\alpha_n\}, \{\beta_n\}$ が収束して，その極限がそれぞれ α, β であれば，明らかに
$$\alpha_n \pm \beta_n \longrightarrow \alpha \pm \beta, \quad \alpha_n \beta_n \longrightarrow \alpha\beta, \quad \frac{\alpha_n}{\beta_n} \longrightarrow \frac{\alpha}{\beta} \quad (n \to \infty) \tag{3.3}$$
である．ただし最後の極限では $\beta_n \neq 0, \beta \neq 0$ であると仮定する．

複素数列 α_n が**コーシー列**または**基本列**であるとは，任意の $\epsilon > 0$ に対して，ある自然数 $N = N(\epsilon)$ を選べば $m, n \geq N$ となるすべての自然数 m, n に対して $|\alpha_n - \alpha_m| < \epsilon$ が成り立つときをいう．この定義は実のコーシー列（基本列）の定義とまったく同じであり，(3.2) に注意すると第 1 章で述べた実数列に関する基本定理 1 が複素数列の場合も成り立つことがわかる．すなわち

【定理 3.1】 複素数列が収束する必要十分な条件は，その数列がコーシー列となることである．

以後（複素）無限級数の基本事項を解説するが，今までに（実級数を含めて）級数にあまり馴染みのない読者のために，複素数列の特別な場合としての実級数の例も多く挙げる．

複素数列 $\alpha_1, \ldots, \alpha_n, \ldots$ に対して形式的な無限和
$$\sum_{n=1}^{\infty} \alpha_n = \alpha_1 + \alpha_2 + \cdots + \alpha_n + \cdots \tag{3.4}$$

を**無限級数**または単に**級数**といい，α_n をその第 n 項と呼ぶ．級数 (3.4) の最初の n 項までの有限和

$$S_n = \sum_{k=1}^{n} \alpha_k = \alpha_1 + \cdots + \alpha_n$$

を第 n 部分和という．もし部分和からなる数列 $S_1, S_2, \ldots$ が収束するとき，無限級数 (3.4) は**収束する**といい，その極限値 s を級数の和と呼ぶ．級数が収束するとき，(3.4) の記法をそのまま用いて

$$\sum_{n=1}^{\infty} \alpha_n = \alpha_1 + \alpha_2 + \cdots + \alpha_n + \cdots = s \tag{3.5}$$

と書くことにする．収束しない級数は**発散する**と呼ばれる．数列 α_n の n の動く範囲について，(3.4) では $n=1,2,\ldots$ としたが，場合によっては $n=0,1,2,\ldots$ とすることも多いし，また適当な整数から始まることもある．文脈から n の動く範囲が明らかな場合には級数を単に $\sum \alpha_n$ と書くことにする．最もよく知られている級数の例は

例 3.1（等比級数）

$$\alpha + \alpha\lambda + \alpha\lambda^2 + \cdots + \alpha\lambda^{n-1} + \cdots$$

であり，これは $|\lambda| < 1$ のときに限り収束し，その和は $\dfrac{\alpha}{1-\lambda}$ である．

複素数列の収束条件 (定理 3.1) から直ちに

【定理 3.2】 級数 (3.4) が収束するための必要十分条件は，任意の $\epsilon > 0$ に対して，適当な自然数 N を選べば，$n > m \geq N$ となるすべての自然数 m, n に対して

$$|S_n - S_m| = |\alpha_{m+1} + \alpha_{m+2} + \cdots + \alpha_n| < \epsilon$$

が成り立つことである．

級数 (3.4) が収束してその和が S であるとすると，$\alpha_n = S_n - S_{n-1}$ $(n \geq 2)$ であり，$n \to \infty$ のとき $S_n - S_{n-1} \to s - s = 0$ であるから級数 $\sum \alpha_n$ が収束

すれば $n \to \infty$ のとき $\alpha_n \to 0$ である．この対偶をとって，$n \to \infty$ で $\alpha_n \to 0$ でなければ級数 $\sum \alpha_n$ は発散することがわかる．しかしこの事実の逆は成り立たない．すなわち $n \to \infty$ のとき $\alpha_n \to 0$ であっても級数は収束するとは限らない．そのような (実) 級数の例を示そう．

例 3.2 $\displaystyle\sum_{n=1}^{\infty} \frac{1}{\sqrt{n+1}+\sqrt{n}}$

$n \to \infty$ のとき $\dfrac{1}{\sqrt{n+1}+\sqrt{n}} \to 0$ である．しかし $\dfrac{1}{\sqrt{n+1}+\sqrt{n}} = \sqrt{n+1}-\sqrt{n}$ であるから

$$S_n = \sqrt{2}-\sqrt{1}+\sqrt{3}-\sqrt{2}+\cdots+\sqrt{n+1}-\sqrt{n} = \sqrt{n+1}-1$$

となり，これは $n \to \infty$ で $S_n \to \infty$ となるからこの級数は発散する．

3.2 絶対収束級数と正項級数

無限級数 (3.4) に対してその絶対値をとった級数

$$\sum_{n=1}^{\infty} |\alpha_n| = |\alpha_1| + |\alpha_2| + \cdots + |\alpha_n| + \cdots \tag{3.6}$$

を考える．級数 (3.6) が収束するとき元の級数 (3.4) は**絶対収束する**と呼ばれる．以下の結果は当然のようにみえるけれども，証明が必要である．

【定理 3.3】 絶対収束級数は収束する．

問題 3.2 定理 3.2 を用いて，定理 3.3 を証明せよ．

さらに絶対収束級数については以下の定理が成り立つ．

【定理 3.4】 絶対収束級数 $\sum \alpha_n$ の項の順序を任意に並べ換えた級数 $\sum \beta_n$ も収束して，その和はもとの級数の和に等しい．

証明 きちんと証明を述べるとすこし面倒であるから，概略だけを述べる．興味がなければ結果だけを認めてもよい．

級数 (3.4) が絶対収束するとして，その第 n 部分和を S_n，和を S する．また級数 (3.4) を並べ換えた級数を $\beta_1 + \beta_2 + \cdots$ として，その第 m 部分和を T_m とする．いま任意の m について

$$|\beta_1| + |\beta_2| + \cdots + |\beta_m| \leq \sum_{n=1}^{\infty} |\alpha_n| < \infty$$

であるから，並べ換えた級数も絶対収束することがわかり，その和を T とおく．そのとき3角不等式により

$$|S - T| \leq |S - S_n| + |S_n - T_m| + |T_m - T|$$

である．$m, n \to \infty$ とすれば右辺の第1項と第3項は限りなく小さくなる．問題は第2項である．T_m はもとの級数を並べ換えた項の和であるから，n を固定するとき m を十分大きくとれば (n に依存する) S_n に含まれるすべての項 α_j は T_m に含まれ，さらに定義から T_m に含まれる項 α_k のなかで k が最大のものを α_N とおけば，T_m に含まれるすべての項は S_N に含まれる．したがって，

$$|S_n - T_m| \leq |\alpha_{n+1}| + \cdots + |\alpha_N|$$

が成り立つ．ところが級数 (3.4) が収束することから，この式の左辺は $m, n \to \infty$ のとき限りなく小さくすることができる．以上により，$|S - T|$ はいくらでも小さくできることがわかり，0 である．

収束はするが，絶対収束はしない級数 (3.4) は**条件収束**すると呼ばれる．

二つの級数 $\sum_{n=1}^{\infty} \alpha_n$, $\sum_{n=1}^{\infty} \beta_n$ が与えられたとき

$$\gamma_n = \sum_{k=1}^{n} \alpha_k \beta_{n-k+1} = \alpha_1 \beta_n + \alpha_2 \beta_{n-2} + \cdots + \alpha_n \beta_1 \tag{3.7}$$

とおいて，級数 $\sum \gamma_n$ を作ることができる．$\sum \gamma_n$ を級数級数 $\sum \alpha_n$ と級数 $\sum \beta_n$ の**積級数**という．

【定理 3.5】 級数 $\sum \alpha_n$, $\sum \beta_n$ が絶対収束してその和がそれぞれ α, β とすれば，それらの積級数 (3.7) も絶対収束してその和は $\alpha\beta$ である．

注意 ここでは証明しないが，この定理はもうすこし一般化され，収束する二つの級数のうちでどちらか一方が絶対収束すれば積級数は収束することが知られている（メルテンス(Mertens)の定理）．

証明 定理 3.5 の証明を行う．まず積級数が絶対収束することをみるには

$$\sum_{j=1}^{n} |\gamma_j| \leq \left(\sum_{j=1}^{n} |\alpha_j|\right) \left(\sum_{k=1}^{n} |\beta_k|\right) \leq \left(\sum_{j=1}^{\infty} |\alpha_j|\right) \left(\sum_{k=1}^{\infty} |\beta_k|\right)$$

に注意すればよい．積級数の和が $\alpha\beta$ になることは定理 3.4 から従う． ■

級数 (3.6) のように各項が正，または 0 である級数（必要なら 0 となる項を取り除けばすべての項が正であるとしてもよい）を**正項級数**と呼ぶ．級数 (3.4) が収束するかどうか調べるには，まず (3.4) が絶対収束するか，すなわち，正項級数 (3.6) が収束するかどうかを調べる．絶対収束しない場合に，（条件）収束するか否かを調べることは，一般的には微妙で難しい問題である．以下に正項級数の収束を判定するための条件をいくつか述べよう．

【定理 3.6】（比較定理） 二つの正項級数 $\sum a_n, \sum b_n$ が与えられ，正数 K とある自然数 N に対して，$n \geq N$ ならば

$$a_n \leq K b_n$$

が成り立つとする．そのとき

(1) $\sum b_n$ が収束すれば $\sum a_n$ も収束する．

(2) $\sum a_n$ が発散すれば，$\sum b_n$ も発散する．

証明 (1) は明らかである．(2) は (1) を言い換えただけである（対偶）． ■

和が計算できる級数は多くの場合等比級数であり，等比級数と比較して収束を判定する方法として以下に述べる二つがよく用いられる．

(i) 項比判定法 (ダランベール (d'Alembert) の判定法)

【定理 3.7】 正項級数 $\sum a_n$ において a_n のなかの 0 は取り除いておく. そのとき

$$\lim_{n\to\infty} \frac{a_{n+1}}{a_n} = \lambda \tag{3.8}$$

であれば,

(1) $0 \leq \lambda < 1$ ならば $\sum a_n$ は収束する.

(2) $1 < \lambda \leq \infty$ ならば $\sum a_n$ は発散する.

証明 (1) $\lambda < \rho < 1$ となる ρ を選べば, $n \to \infty$ のとき $a_{n+1}/a_n \to \lambda$ であるから, 十分大きな N を選べば, $n \geq N$ に対して $a_{n+1}/a_n \leq \rho$, すなわち $a_{n+1} \leq \rho a_n$ が成り立つ. これを繰り返し用いて $a_{N+k} \leq \rho^k a_N$ $(k=1,2,\ldots)$ を得る. $0 < \rho < 1$ より等比級数 $\sum_k a_N \rho^k$ は収束する. そこで $n \geq N$ に対して $b_n = a_N \rho^{n-N}$ $(n = N, N+1, \ldots)$ であるような正項級数 $\sum b_n$ を一つ選べば, $\sum b_n$ は収束し, $n \geq N$ なら $a_n \leq b_n$ である. よって定理 3.6 により $\sum a_n$ は収束する.

(2) $1 < \lambda \leq \infty$ ならば十分大きな N を選べば, $n \geq N$ に対して $a_{n+1}/a_n > 1$ すなわち $a_{n+1} > a_n > 0$ となる. したがって, $n \to \infty$ のとき $a_n \to 0$ とはならない. よって級数は発散する. ∎

注意 定理の証明をみれば, 極限 (3.8) が存在しなくても, 十分大きな N を選んで $n \geq N$ に対して

$$0 < \frac{a_{n+1}}{a_n} \leq \lambda < 1$$

とできるならば, 級数 $\sum a_n$ は収束することがわかる.

(ii) 累乗判定法 (コーシーの判定法)

【定理 3.8】 正項級数 $\sum a_n$ について

$$\lim_{n\to\infty} \sqrt[n]{a_n} = \lambda \tag{3.9}$$

であれば,

(1) $0 \leq \lambda < 1$ ならば $\sum a_n$ は収束する.
(2) $1 < \lambda \leq \infty$ ならば $\sum a_n$ は発散する.

証明 定理 3.7 の証明と類似しているので詳しくは述べない.

(1) $\lambda < \rho < 1$ となる正数 ρ を選べば,十分大きな N に対して $n \geq N$ なら $\sqrt[n]{a_n} < \rho$,すなわち,$a_n < \rho^n$ が成り立つ.$\rho < 1$ なので等比級数 $\sum \rho^n$ が収束することに注意すれば,(1) の結果は容易に従う.

(2) 十分大きな N を選べば,$n \geq N$ なら $\sqrt[n]{a_n} > 1$,すなわち $a_n > 1$.よって $n \to \infty$ で $a_n \to 0$ とはならず,$\sum a_n$ は発散する. ∎

注意 極限 (3.9) が存在しなくても,N を十分大きくとれば $n \geq N$ について

$$0 < \sqrt[n]{a_n} \leq \lambda < 1$$

が満たされるなら,級数 $\sum a_n$ は収束する.

3.3 関数項級数と一様収束

関数項級数の収束を議論する前に関数列の収束について述べる.複素平面の部分集合 D で定義された関数列 $\{f_n(z) | n = 1, 2, \dots\}$ を考える.定義域内の一点 z_0 を固定して,数列 $\{f_n(z_0)\}$ が収束するなら,その関数列は $z = z_0$ で収束するという.関数列 $f_n(x)$ が D の各点で収束するとき $z \in D$ での極限を $f(z)$ とおけば,$z \in D$ に対して $f(z)$ を対応させる関数が定まる.このとき関数列 $f_n(z)$ は D で関数 $f(z)$ に**各点収束する**という.しかしこの各点収束の概念はそれほど都合のよい収束概念ではない.各点収束の都合の悪い点をみるために,実変数の実数値連続関数列の例を二つ挙げる.実変数実数値関数の各点収束の定義は上に述べた複素変数の複素数値関数列の場合とまったく同様である.

例 3.3 区間 $[0, 1]$ での連続関数列 $f_n(x) = x^n$ を考える.この場合極限関数は

$$f(x) = \begin{cases} 0 & (0 \leq x < 1) \\ 1 & (x = 1) \end{cases}$$

である．グラフを描いてみればわかることだが，x が 1 に限りなく近づいていくと，n を大きくしても x^n は極限値 1 になかなか近づかない．正確な数学的表現はともかくとして，直感的には，x が 1 に近づくにつれて，この関数列の収束はどんどん遅くなるといってもよいであろう．このような収束の非一様性により，x^n が連続関数であるにもかかわらず，その極限関数 $f(x)$ が不連続となり，グラフがちぎれてしまうのである．次に，この関数列を複素変数に拡張して，$|z| \leq 1$ において，$f_n(z) = z^n$ を考える．$|z| < 1$ のときは実変数の場合と同様 $f_n(z) \to 0$ $(n \to \infty)$ となるが，$|z| = 1$ $(z \neq 1)$ のときは $f_n(z)$ は $n \to \infty$ で収束すらしない．

例 3.4 区間 $[0, \infty)$ で連続関数列 $f_n(x) = n^2 x e^{-nx}$ を考える．x_0 を固定すれば $n \to \infty$ で $f_n(x_0) \to 0$ であり，この関数列は $f(x) \equiv 0$ に各点収束する．しかし関数 $f_n(x)$ は $x = 1/n$ で極大値 n/e をとる．したがって，n をどれだけ大きくとっても，0 の十分近くには極限値 0 からは遠い点が存在する．この例では極限関数 $f(x) \equiv 0$ は連続になる．しかし

$$\int_0^\infty f_n(x)dx = \left[-nxe^{-nx} - e^{-nx}\right]_0^\infty = 1$$

であるにもかかわらず，$\int_0^\infty f(x)dx = 0$ であり，極限と積分の順序交換ができない，すなわち

$$1 = \lim_{n \to \infty} \int_0^\infty f_n(x)\,dx \neq \int_0^\infty \lim_{n \to \infty} f_n(x)\,dx = 0$$

このように，各点収束のもとでは一般的には連続関数列の極限が連続関数とはならず，また積分（または微分）と極限操作との順序を交換することができない．

そこでこのような問題が起きないような収束概念として，関数列の一様収束の概念を導入しよう．一般の点集合 D で定義された関数列 $f_n(z)$ が D で $f(z)$ に各点収束するとは，各 $z \in D$ において任意に小さい $\epsilon > 0$ に対して十分大きな自然数 N を選べば，$n \geq N$ となるすべての n について $|f_n(z) - f(z)| < \epsilon$ とできることであった．ここで N は一般的には考えている点 $z \in D$ に依存

する．そこでこの定義で常に z に依存せず，ϵ だけに依存する N がとれて $|f_n(z) - f(z)| < \epsilon$ とできるとき，$\{f_n(z)\}$ は D で $f(z)$ に**一様収束**するということにする．もちろん一様収束する関数列は各点収束する．上記の実変数の例 3.3 では $x^n < \epsilon$ であるためには $n \log x < \log \epsilon$ である．よって $\log x < 0$ より $n > \log \epsilon / \log x$ でなくてはならない．したがって，$x(<1)$ が 1 に近づくにつれて $|f_n(x) - f(x)| = x^n < \epsilon$ となる n は限りなく大きくなる．したがってこの収束は一様ではない．一様収束のもとでは連続性が遺伝する，すなわち，次の定理が成り立つ．

【定理 3.9】 複素平面の部分集合 D で定義された連続関数列 $\{f_n(z)\}$ が D で $f(z)$ に一様収束するなら，$f(z)$ は D で連続である．

注意 例 3.4 からもわかるように，$f_n(z) \to f(z)$ が一様収束でなくても極限関数 $f(x)$ が連続になることはある．

証明 証明すべきは，任意の $\epsilon > 0$ に対して $|z - z'| < \delta$ なら $|f(z) - f(z')| < \epsilon$ が成り立つような δ が選べることである．ただし，z, z' は定義域 D の点であるとする．まず 3 角不等式から

$$|f(z) - f(z')| \leq |f(z) - f_n(z)| + |f_n(z) - f_n(z')| + |f_n(z') - f(z')|$$

である．ここでまず右辺の第 1 項と第 3 項について考える．関数列 $f_n(z)$ の一様収束性から，N を十分大きく選べば $n \geq N$ に対して，z によらずに第 1 項と第 3 項がともに $\epsilon/3$ より小さくできる．次に上記の $n \geq N$ を固定して，右辺第 1 項で，$f_n(z)$ の連続性から $|z - z'| < \delta$ であれば，右辺の第 2 項が $\epsilon/3$ より小さくなるような δ をとることができる．これで証明が完了した．

共通の定義域 D をもつ関数列 $\{f_n(z)\}$ が与えられたとき，形式的な無限和

$$\sum_{n=1}^{\infty} f_n(z) = f_1(z) + f_2(z) + \cdots + f_n(z) + \cdots \tag{3.10}$$

を**関数項級数**という．定数項級数の場合と同様，関数項級数の収束 (各点収束，一様収束) は部分和

$$S_n = \sum_{k=1}^{n} f_k(z)$$

からなる関数列 $\{S_n(z)\}$ がの収束で定義される．すなわち，$S_n(z)$ が $F(z)$ に収束する (各点収束，一様収束) とき，級数 (3.10) が関数 $F(z)$ に収束するといい，

$$\sum_{n=1}^{\infty} f_n(x) = f_1(x) + f_2(x) + \cdots + f_n(x) + \cdots = F(x)$$

と書く．次の定理は定理 3.9 の言い換えにすぎない．

【定理 3.10】 D において $f_n(z)$ が連続で，$\sum_{n}^{\infty} f_n(z)$ が $F(z)$ に一様収束するなら $F(z)$ は D で連続である．

また次の定理は関数項級数の一様収束を判定するのによく使われる．

【定理 3.11】（ワイエルシュトラス） 関数項級数 (3.10) において，すべての $z \in D$ について

$$|f_n(z)| \leq M_n$$

が満たされ，さらに正項級数 $\sum M_n$ が収束するなら，(3.10) は D で一様収束する．もちろん D の各点での収束は絶対収束である．正項級数 $\sum M_n$ を $\sum f_n(z)$ の**優級数**という．

証明 証明の概略を述べる．まず後半の絶対収束の部分は比較定理 3.6 より明らかである．したがって $z \in D$ を固定すれば部分和 $\{S_n(z)\}$ は絶対収束するので収束し，したがって極限 $F(z)$ をもつ．問題は $S_n(z) \to F(z)$ の収束が一様であることを示すことである，不等式

$$|S_{n+r}(z) - S_n| = |f_{n+1}(z) + \cdots + f_{n+r}(z)| \leq \sum_{j=n+1}^{n+r} M_j$$

で $r \to \infty$ として

$$|F(z) - S_n(z)| \leq \sum_{j=n+1}^{\infty} M_j$$

上式の右辺は z に依存しないので，N を十分大きくとれば $n \geq N$ に対して $\sum_{j>n} M_j$ がどれだけでも小さくできることを示せばよい．それは正項級数 $\sum M_n$ が収束することより，明らかである． ∎

3.4 ベキ級数

複素定数 c と複素数数列 $c_0, c_1, \ldots, c_n, \ldots$ に対して，

$$\sum_{n=0}^{\infty} c_n(z-c)^n = c_0 + c_1(z-c) + c_2(z-c)^2 + \cdots + c_n(z-c)^n + \cdots \quad (3.11)$$

の形の関数項級数を (c を中心とする) **ベキ（冪）級数**という．**整級数**ということもある．$z-c$ を改めて z とおけば，$c=0$ の場合である

$$\sum_{n=0}^{\infty} c_n z^n = c_0 + c_1 z + c_2 z^2 + \cdots + c_n z^n + \cdots \quad (3.12)$$

に帰着するので，以下では主としてこの形で扱う．

【定理 3.12】 ベキ級数 (3.12) が $z = z_1 \neq 0$ において，の各項 $c_n z_1^n$ が n によらず有界，すなわち $|c_n z_1^n| < M$ となる正の定数 M があるならば，(3.12) は $V(0, r_1) = \{z \mid |z| < |z_1| = r_1\}$ の任意の点 z において絶対収束する．また，この収束は $V(0, r_1)$ に含まれる任意のコンパクト集合（有界閉集合）において一様である．

証明 仮定より

$$|c_n z^n| = |c_n z_1^n| \left|\frac{z}{z_1}\right|^n < M \left|\frac{z}{z_1}\right|^n$$

が成り立つ．$|z| < |z_1|$ ならば $|z/z_1| < 1$ となり等比級数 $\sum |z/z_1|^n$ は収束するので，比較定理 3.6 より級数 $\sum |c_n z^n|$ は収束する．すなわち，級数 $\sum c_n z^n$ は絶対収束する．

次に，任意のコンパクト集合 (有界閉集合) $F \subset V(0, r_1)$ に対して，$F \subset \bar{V}(0, \rho r_1) = \{z \mid |z| \leq \rho r_1\}$ となる $0 < \rho < 1$ をとることができる．そのとき $z \in F$ に対して

$$|c_n z^n| < |c_n (\rho z_1)^n| = \rho^n |c_n z_1^n| < M \rho^n$$

であり，正項級数 $\sum M\rho^n$ は $\sum c_n z^n$ の優級数となる．$\rho < 1$ より $\sum M\rho^n$ は収束するから定理 3.11 より $\sum c_n z^n$ は F で一様収束する． ∎

【系 3.1】 $n \to \infty$ で $c_n z_1^n \longrightarrow 0$ (たとえば級数 $\sum_{n=0}^{\infty} c_n z_1^n$ が収束するなら，この条件は満たされる) ならば $c_n z_1^n$ は n によらず有界となり，級数 (3.12) は $|z| < |z_1|$ を満たす任意の z について絶対収束し，この収束は $V(0, r_1)$ に含まれる任意のコンパクト集合で一様である．

【系 3.2】 ベキ級数 (3.12) が $z = z_2$ で発散すれば，$|z| > |z_2|$ である z においてベキ級数 (3.12) は発散する．

証明 もし (3.12) が $|z| > |z_2|$ である z で収束すれば，系 3.1 により (3.12) は z_2 でも収束することになり，矛盾である． ∎

以上より次の系 3.3 が成り立つことは，一見自明のようにみえる．しかしきちんと証明しようとすれば，実数の連続性 (完備性) が必要となる．

【系 3.3】 ベキ級数 (3.12) が，ある $z_1 \neq 0$ で収束し，ある $z_2 \neq 0$ で発散すれば，次の (1)，(2) を満たす正の実数 r が唯一つ定まる．
 (1) $|z| < r$ のとき (3.12) は絶対収束する．
 (2) $|z| > r$ のとき (3.12) は発散する．

上の系 3.3 の (1)，(2) を満たす $r > 0$ をベキ級数 (3.12) の**収束半径**と呼ぶ．定理の仮定に含まれない場合は (イ):ベキ級数 (3.12) が $z = 0$ 以外では発散する場合および (ロ): 級数 (2) がすべての z で (絶対) 収束する場合である．(イ) の場合収束半径は 0，(ロ) の場合収束半径 ∞ と約束する．

収束半径を調べる場合，以下に述べる二つの定理がよく用いられる．

【定理 3.13】（ダランベール） ベキ級数 (3.12) おいて極限

$$\lim_{n \to \infty} \frac{|c_{n+1}|}{|c_n|} = \ell \tag{3.13}$$

が存在すれば，$1/\ell$ がベキ級数 (3.12) の収束半径である．上記の極限が ∞ となる場合は収束半径は 0 となり，また上記の極限が 0 であれば収束半径は ∞ となる．

証明 この定理を証明するには

$$\left|\frac{c_{n+1}z^{n+1}}{c_n z^n}\right| = \left|\frac{c_{n+1}}{c_n}\right||z| \to \ell|z| \quad (n \to \infty)$$

に注意して，定理3.7 のダランベールの判定法によればよいが，直観的には，その正当性は次のように考えればわかる．極限の存在より n が十分大きければ，大体 $|c_n|$ は公比 ℓ の等比数列とみなせるから，(3.12) で各項の絶対値をとった級数はほとんど公比 $\ell|z|$ の等比級数と考えてよい．したがって，その級数は $\ell|z| < 1$ ならば収束し，$\ell|z| > 1$ ならば発散する． ■

【定理 3.14】 ベキ級数 (3.12) において極限

$$\lim_{n\to\infty} \sqrt[n]{|c_n|} = \ell \tag{3.14}$$

が存在すれば，$1/\ell$ が級数 (3.12) の収束半径である．極限が ∞ または 0 となる場合は前定理と同様に収束半径はそれぞれ 0 または ∞ となる．

証明 この定理もその正当性をみるだけなら，前定理と同様に考えればよい．すなわち極限の存在より n が十分大きければ $|c_n|$ は，ほぼ ℓ^n と考えてよい．したがって，$|c_n z^n|$ はほぼ $(\ell|z|)^n$ となり，(3.12) の絶対値をとった級数は近似的には公比 $\ell|z|$ の等比級数になる．したがって，定理が成り立つことは極めて自然である．きちんと証明したいなら，定理 3.8 のコーシーの判定法によればよい． ■

注意* たとえば $c_{3m} = (1/2)^{3m}$, $c_{3m+1} = (1/3)^{3m+1}$, $c_{3m+2} = (1/4)^{3m+2}$ としてベキ級数 (3.12) を考える．そのときもちろん数列 $\sqrt[n]{|c_n|}$ の $(n \to \infty$ での) 極限は存在しない．しかし 3 項おきに考えれば，$1/2$, $1/3$, $1/4$ の値を繰り返し無限回とる．このような値を集積値と呼ぶ．級数のなかで最も発散しやすい項は $c_{3m}z^{3m} = (z/2)^{3m}$ であり，これらの項だけからなるベキ

級数を考えれば収束半径は $2 (1/2$ の逆数$)$ である．さらに $|z| < 2$ ならば，$c_{3m+1} z^{3m+1} = (z/3)^{3m+1}$, $c_{3m+2} z^{3m+2} = (z/4)^{3m+2}$ だけからなる級数はそれぞれ絶対収束する．したがって，このベキ級数の収束半径は 2 であることになる．一般に極限 $\lim_{n\to\infty} \sqrt[n]{|c_n|}$ が存在しなければ，集積値のなかで最も大きいものをとり，それを ℓ とすれば，$1/\ell$ が収束半径になる．

一般に，上に有界な実数列 $\{a_n\}$ に対して，$k \leq n$ における a_k の最大値を M_n とおけば，数列 $\{M_n\}$ は単調増加で，上に有界となるから第 1 章の基本定理 2 により，必ずある極限 M をもつ．この極限 M を数列 $\{a_n\}$ の**上極限**と呼び，

$$\limsup a_n = M \tag{3.15}$$

と書く．上に有界でない数列に対しては，上極限は ∞ であると考えれば，任意の実数列は上極限をもつことになる．このような上極限の概念を準備することにより，任意のベキ級数 (3.12) の収束半径は $\limsup \sqrt[n]{|c_n|}$ の逆数で計算されることが知られている．ただし，上極限が 0 のとき収束半径 ∞ とし，上極限が ∞ のときは収束半径 0 と考えるものとする．この事実を**コーシー・アダマール** (Cauchy - Hadamard) **の公式**という．

例 3.5 等比級数 $\sum_{n=0}^{\infty} z^n$ の収束半径は明らかに 1 である．これを形式的に項別に微分した級数

$$\sum_{n=1}^{\infty} n z^{n-1} \tag{3.16}$$

を考えよう．$\lim_{n\to\infty} c_{n+1}/c_n = (n+2)/(n+1) = 1$ より，定理 3.13 を適用すれば，このベキ級数の収束半径は 1 であることがわかる．定理 3.14 を適用して，この級数の収束半径を求めることもできるが，その場合には $\lim_{n\to\infty} \sqrt[n]{n} = 1$ が必要である．

次に，もとの等比級数を項別に積分して得られる級数

$$\sum_{n=0}^{\infty} \frac{z^{n+1}}{n+1} \tag{3.17}$$

を考えると，この級数の収束半径も定理 3.13 により 1 となることがわかる．

問題 3.3 $\sqrt[n]{n} = 1 + a_n \ (a_n > 0)$ とおくとき $a_n \le \sqrt{2/(n-1)}$ であることを示し，そのことを用いて $\lim_{n\to\infty} \sqrt[n]{n} = 1$ を示せ．

例 3.6 整級数 $\sum_{n=0}^{\infty} \dfrac{z^n}{n!}$ の収束半径は $c_{n+1}/c_n = n!/(n+1)! = 1/(n+1) \to 0 \ (n \to \infty)$ より定理 3.13 を適用して ∞ である．すなわち，この級数は任意の z について収束することがわかる．(その値は e^z になる)．

一方，ベキ級数 $\sum_{n=0}^{\infty} n! z^n$ の収束半径は $c_{n+1}/c_n = (n+1)!/n! = n+1 \to \infty \ (n \to \infty)$ より 0 となる．すなわちこの級数は $z \ne 0$ なるすべての z で発散する．

収束円上すなわち $|z| = r$ におけるベキ級数の収束はかなり微妙であり，たとえば例 3.5 でとりあげたベキ級数 (3.17) を考えると，$z = 1$ ならこの級数は調和級数で発散するが，$z = -1$ のとき $\log 2$ に収束することが知られている (メルカトルの級数)．

問題 3.4 (1) 級数 $\sum z^{n^2}$ の収束半径を求めよ．
(2) $\dfrac{z}{1-z} + \dfrac{z}{z-1} = 0$ であり，また

$$\frac{z}{1-z} = z + z^2 + \cdots = \sum_{n=1}^{\infty} z^n$$

$$\frac{z}{z-1} = \frac{1}{1-1/z} = 1 + \frac{1}{z} + \frac{1}{z^2} + \cdots = \sum_{n=0}^{-\infty} z^n$$

であるから，$\sum_{-\infty}^{\infty} z^n = 0$ となる．この論法はどこが間違っているか，指摘せよ．

ベキ級数の項別微分可能性について論じよう．まず (3.12) を項別に微分して作られた級数

$$\sum_{n=1}^{\infty} n c_n z^{n-1} \tag{3.18}$$

を考える．ベキ級数 (3.12) の収束半径が r ならば，それを形式的に微分して得られる (3.18) の収束半径も r であることを示そう．まず極限値 (3.13)，または (3.14) が存在する場合には，それぞれ

$$\lim_{n \to \infty} \frac{|(n+1)c_{n+1}|}{n|c_n|} = \lim_{n \to \infty} \frac{|c_{n+1}|}{|c_n|} = \ell$$

または

$$\lim_{n \to \infty} \sqrt[n]{n|c_n|} = \lim_{n \to \infty} \sqrt[n]{|c_n|} = \ell$$

より結論が従う．ただし，後者では $\lim_{n \to \infty} \sqrt[n]{n} = 1$ を用いた．一般の場合はコーシー・アダマールの公式を使えばよい．

次に，このような公式を用いないで，もとの級数と，項別に微分した級数の収束半径が等しいことを証明してみよう．$0 < |z| < r$ に対して $|z| < |z_0| < r$ となる z_0 を選べば，$|z|/|z_0| = \kappa < 1$ である．そのとき

$$\frac{|n c_n z^{n-1}|}{|c_n z_0^n|} = \kappa^n \frac{n}{|z|}$$

は $n \to \infty$ で 0 に収束するから有界であり，また収束半径の定義を考えれば，級数 $\sum c_n z_0^n$ は収束するから，比較定理 3.6 により級数 $\sum n c_n z^n$ は収束することになる．一方，$n \geq 2$ ならば $|c_n z^n| < |n c_n z^{n-1}||z|$ であるから，$\sum n c_n z^{n-1}$ がある z で収束すれば，級数 $\sum c_n z^n$ も収束する．したがって，二つのベキ級数 (3.12) と (3.18) の収束半径は等しい．

以上より級数 (3.12) の収束半径が r であるなら，$0 < \rho < r$ に対して級数

$$\sum_{n=1}^{\infty} n |c_n| \rho^{n-1} \tag{3.19}$$

が収束することに注意する．

【定理 3.15】（ベキ級数の項別微分可能性定理） ベキ級数
$$F(z) = \sum_{n=0}^{\infty} c_n z^n$$
はその収束円の内部 $\{z|\ |z| < r\}$ で正則で，その導関数は項別微分した級数 (3.18) で与えられる．

証明* 証明はすこし難しいので，結果を認めて先に進んでもよい．

$F(z) = \sum_{n=0}^{\infty} c_n z^n$, $G(z) = \sum_{n=1}^{\infty} n c_n z^{n-1}$ とおく．収束円の内部で $F'(z) = G(z)$ を示す．$|z| < r$ のとき，$0 < |z| < \rho < r$ となる ρ をとれば，$0 < |h| < \rho - |z|$ である任意の h に対して $F(z+h), F(z)$ は絶対収束するから
$$\frac{F(z+h) - F(z)}{h} = \sum_{n=0}^{\infty} c_n \frac{(z+h)^n - z^n}{h}$$
である．ここで
$$\left| c_n \frac{(z+h)^n - z^n}{h} \right| = |c_n||(z+h)^{n-1} + z(z+h)^{n-1} + \cdots + z^{n-1}| \leq n|c_n|\rho^{n-1}$$
であるから，$\gamma_n(h)$ を $0 < |h| < \rho - |z|$ に対して
$$\gamma_n(h) = c_n \frac{(z+h)^n - z^n}{h}$$
$h = 0$ のとき $\gamma_n(0) = nc_n z^{n-1}$ と定義する．そのとき $\gamma_n(h)$ は $0 < |h| < \rho - |z|$ で連続である．次に関数項級数 $\sum_{n=1}^{\infty} \gamma_n(h)$ を考えると，正項級数 (3.19) が収束することより，収束する優級数 $\sum n|c_n|\rho^{n-1}$ をもつことになる．したがって，定理 3.11 により，この関数項級数は $|z+h| \leq \rho$ を満たす h に関して絶対一様収束し，さらにその極限関数は定理 3.10 により，h に関する連続関数を定義する．よって $h \to 0$ として
$$F'(z) = \lim_{h \to 0} \frac{F(z+h) - F(z)}{h} = \lim_{h \to 0} \sum_{n=1}^{\infty} \gamma_n(h) = \sum_{n=1}^{\infty} \gamma_n(0)$$
$$= \sum_{n=1}^{\infty} n c_n z^{n-1} = G(z)$$

を得る. ∎

【系 3.4】 正の収束半径 r をもつベキ級数で定義される関数 $F(z) = \sum c_n z^n$ は収束円の内部 $|z| < r$ において何度でも微分可能で, その k 階の導関数は

$$F^{(k)}(z) = \sum_{n \geq k} n(n-1) \cdots (n-k+1) c_n z^{n-k}$$

で与えられる. 特に

$$c_n = \frac{F^{(n)}(0)}{n!} \quad (0! = 1)$$

が成り立つ.

問題 3.5 定理 3.15 およびその系 3.4 は, 実級数についても成り立っている. そこで $\cos x, \sin x$ について $x = 0$ を中心とするベキ級数で表されると仮定して, その係数を求めることにより

$$\cos x = \sum_{m=0}^{\infty} (-1)^m \frac{x^{2m}}{(2m)!}, \quad \sin x = \sum_{m=0}^{\infty} (-1)^m \frac{x^{2m+1}}{(2m+1)!} \tag{3.20}$$

であることを示せ.

3.5 初 等 関 数

A. 指数関数

複素変数 z の**指数関数** e^z を前節の例 3.6 で導入したベキ級数

$$1 + z + \frac{z^2}{2!} + \cdots + \frac{z^n}{n!} + \cdots = \sum_{k=0}^{\infty} \frac{z^k}{k!} \tag{3.21}$$

で定義する. 指数関数 e^z は, しばしば $\exp z$ とも書かれる. 級数 (3.21) は z が実数の場合には指数関数のマクローリン展開に一致している. ベキ級数 (3.21) の収束半径は ∞ であるから, この関数は全平面で正則で, 項別に微分することにより,

$$\frac{d}{dz} e^z = e^z \tag{3.22}$$

を満たしていることがわかる.

問題 3.6 $\dfrac{de^z}{dz} = e^z$ を確かめよ．

指数関数の最も重要な性質の一つが加法定理

$$e^{z_1+z_2} = e^{z_1} \cdot e^{z_2} \tag{3.23}$$

である．これを証明するには，積級数に関する収束定理 3.5 を用いて

$$e^{z_1} \cdot e^{z_2} = \sum_{k=0}^{\infty} \frac{z_1^k}{k!} \cdot \sum_{\ell=0}^{\infty} \frac{z_2^\ell}{\ell!} = \sum_{n=0}^{\infty} \sum_{k=0}^{n} \frac{z_1^k}{k!} \frac{z_2^{n-k}}{(n-k)!}$$

$$= \sum_{n=0}^{\infty} \frac{1}{n!} \sum_{k=0}^{n} \binom{n}{k} z_1^k z_2^{n-k} = \sum_{n=0}^{\infty} \frac{1}{n!} (z_1+z_1)^n = e^{z_1+z_1}$$

とすればよい．ただし，$\binom{n}{k} = n(n-1)\cdots(n-k+1)/k!$ は 2 項係数を表す．ここで特に $z_1 = z, z_2 = -z$ とおけば

$$e^z \cdot e^{-z} = 1$$

が得られ，e^z は決して 0 にならない (零点をもたない) 関数であることがわかる．

次に，$z = x + iy$ とおけば $e^z = e^x \cdot e^{iy}$ である．ここで定義 (3.21) より

$$e^{iy} = 1 + iy - \frac{y^2}{2} - i\frac{y^3}{3!} + \frac{y^4}{4!} + \cdots = \sum_{m=0}^{\infty} (-1)^m \frac{y^{2m}}{(2m)!} + i \sum_{m=0}^{\infty} (-1)^m \frac{y^{2m+1}}{(2m+1)!}$$

であるから，$\cos y, \sin y$ のマクローリン展開の式 (問題 3.5 参照)

$$\cos y = \sum_{m=0}^{\infty} (-1)^m \frac{y^{2m}}{(2m)!}, \qquad \sin y = \sum_{m=0}^{\infty} (-1)^m \frac{y^{2m+1}}{(2m+1)!}$$

を用いると

$$e^{iy} = \cos y + i \sin y \tag{3.24}$$

が得られる．これが第 1 章で紹介した**オイラー** (Euler) **の公式**である．(3.24) から容易に

$$\cos y = \frac{e^{iy} + e^{-iy}}{2}, \qquad \sin y = \frac{e^{iy} - e^{-iy}}{2i} \tag{3.25}$$

が得られることに注意しよう．以上により

$$e^z = e^{x+iy} = e^x (\cos y + i \sin y) \tag{3.26}$$

が得られる．すなわち，指数関数の実部は $u(x, y) = e^x \cos y$，虚部は $v(x, y) =$

$e^x \sin y$ で与えられる．ここで与えた $u(x,y), v(x,y)$ がコーシー・リーマンの関係式を満たすことはすでに示した（第 2 章，例 2.12）．e^z の具体的な値を計算するにはこの公式が便利である．(3.26) を指数関数の定義として採用してもよい．

問題 3.7 (1) (3.26) を指数関数の定義として出発し，3 角関数の加法定理などを用いて，加法定理 (3.23) を証明せよ．
(2) 指数関数の周期性 $e^{z+2n\pi i} = e^z$ を示せ．ただし n は任意の整数である．

B. 3 角関数と双曲線関数

複素変数の **3 角関数** $\cos z, \sin z$ は，実変数の場合のマクローリン級数（展開）の式 (3.20) を用いて，

$$\cos z = \sum_{m=0}^{\infty} (-1)^m \frac{z^{2m}}{(2m)!} \tag{3.27}$$

$$\sin z = \sum_{m=0}^{\infty} (-1)^m \frac{z^{2m+1}}{(2m+1)!} \tag{3.28}$$

と定義される．

問題 3.8 (1) (3.27),(3.28) の右辺の無限級数の収束半径はいずれも ∞ であることを示せ．
(2) $\dfrac{d}{dz}\sin z = \cos z$, $\dfrac{d}{dz}\cos z = -\sin z$ であることを示せ．

定義から容易な計算で

$$\cos z = \frac{e^{iz}+e^{-iz}}{2}, \qquad \sin z = \frac{e^{iz}-e^{-iz}}{2i} \tag{3.29}$$

であることがわかる．複素変数の 3 角関数の定義として (3.29) を採用してもよい．また複素変数の正接は $\tan z = \dfrac{\sin z}{\cos z}$ により定義される．

問題 3.9 (1) $\sin z, \cos z$ はともに周期 2π の周期関数，すなわち $\sin(z+2\pi) = \sin z, \cos(z+2\pi) = \cos z$ であることを示せ．
(2) 複素変数の 3 角関数においても，関係式 $\cos^2 z + \sin^2 z = 1$ が成り立つことを証明せよ．
(3) 3 角関数に関する加法定理

$$\cos(z_1 + z_2) = \cos z_1 \cos z_2 - \sin z_1 \sin z_2,$$
$$\sin(z_1 + z_2) = \sin z_1 \cos z_2 + \cos z_1 \sin z_2$$

を示せ.

まったく同様に**双曲線関数** $\sinh x, \cosh z, \tanh z$ を

$$\sinh z = \frac{e^z - e^{-z}}{2}, \qquad \cosh z = \frac{e^z + e^{-z}}{2}, \qquad \tanh z = \frac{\sinh z}{\cosh z}$$

で定義することができる．双曲線関数は 3 角関数と類似の性質をもっているがその詳細は省略する．

C. 対数関数

対数関数は指数関数の逆関数として定義できる．すなわち $z \neq 0$ に対して $z = e^w$ であるとき，$w = \log z$ と書く．z を決めたとき $z = e^w$ を満たす，w は無数にある．そのことは指数関数の周期性（問題 3.7(2)）から $z = e^w$ なら $z = e^{w+2n\pi i}$ (n : 整数) となることからも明らかである．いま $w = u + iv$ として，z を極形式で，$z = re^{i\theta} = r(\cos\theta + i\sin\theta)$ とおけば，

$$z = r(\cos\theta + i\sin\theta) = \exp w = \exp(u + iv) = e^u(\cos v + i\sin v)$$

より，$u = \log r, v = \theta + 2n\pi$ (n は任意の整数) となるから

$$\log z = \log r + i(\theta + 2n\pi) = \log|z| + i\arg z \tag{3.30}$$

であることがわかる．このように複素変数の対数関数 $\log z$ は一つの z の値に対して，無限に多くの値を対応させることになる．このように一つの独立変数の値に対して，複数の従属変数の値を対応させる関数を**多価関数**という．

例 3.7

$$\log(-1) = \log|-1| + i\arg(-1) = (2n+1)\pi i$$
$$\log(1+i) = \log|1+i| + i\arg(1+i) = \log\sqrt{2} + (2n + \frac{1}{4})\pi i$$

対数関数の定義より $\exp(\log z) = z$ であるから $w = \log z$ とおくと，合成関数の微分公式（第 2 章 (2.11)）より $\exp w \dfrac{dw}{dz} = 1$ となるから

$$\frac{dw}{dz} = \frac{d\log z}{dz} = \frac{1}{\exp w} = \frac{1}{z} \tag{3.31}$$

が得られる．対数関数の多価性は，その虚部に定数として現れるから，微分すれば消えてしまう．

指数関数の加法定理に対応する対数関数の公式は

$$\log(z_1 z_2) = \log z_1 + \log z_2 \tag{3.32}$$

である．この公式の意味は，式の両辺はともに無限個の値をとるけれども，各辺がとる値の集合が，集合として等しくなるという意味である．

関数の値を一通りに定めたければ (3.30) において，$\arg z$ の代わりにその主値 $-\pi < \mathrm{Arg}\, z \leq \pi$ を考えればよい（1.2 節参照）．そのように考えたものを**対数関数の主値**と呼び，$\mathrm{Log}\, z$ と書くことがある．すなわち

$$\mathrm{Log}\, z = \log |z| + i\, \mathrm{Arg}\, z \tag{3.33}$$

である．

例 3.8 $(-1) \cdot (-1) = 1$ であり，また $\mathrm{Log}(-1) = \pi i$, $\mathrm{Log}\, 1 = 0$ であるから $0 = \mathrm{Log}(-1)(-1) \neq \mathrm{Log}(-1) + \mathrm{Log}(-1) = 2\pi i$ であり，主値を考えていたのでは公式 (3.32) は成り立たない．

D. 一般のベキ乗関数と指数関数

複素数 α に対して，**ベキ乗関数** z^α を定義することを考える．z^α が定義されたとして，$w = z^\alpha$ とおき，形式的に両辺の対数をとると $\log w = \log z^\alpha$ となる．ここで $\log z^\alpha = \alpha \log z$ が成り立つとすれば，$\log w = \alpha \log z$ を得る．以上の議論から $z \neq 0$ に対してベキ乗関数 z^α を

$$z^\alpha = \exp(\alpha \log z) = \exp(\alpha(\log|z| + i\, \arg z)) \tag{3.34}$$

で定義する．この関数の定義には $\arg z$ が含まれており，それに起因する多価

性がベキ乗関数にも現れることになる．$\arg z$ の代わりに主値 $\operatorname{Arg} z$ を考えたものを**ベキ乗関数の主値**と呼ぶことがある．このように一般的なベキ乗を定義しても指数法則

$$z^\alpha z^\beta = z^{\alpha+\beta} \tag{3.35}$$

が成り立つとは限らない．例を挙げよう．

例 3.9 $i^i = \exp(i \log i) = \exp(i(\frac{\pi}{2} + 2n\pi i)) = \exp(-\{2n + \frac{1}{2}\}\pi)$ である．したがって $i^i \cdot i^i = \exp(-2n\pi - \frac{1}{2}\pi \exp(-2m\pi - \frac{1}{2}\pi = \exp(-\pi - 2(m+n)\pi)$ である．一方 $i^{2i} = \exp(2i \log i) = \exp(2i(\frac{\pi}{2} + 2n\pi i)) = \exp(-\pi - 4n\pi)$ であるから，集合として考えても $i^i \cdot i^i \neq i^{2i}$ である，すなわち (3.35) が成り立たない．

練習問題

3.1 関数列 $f_n(z) = \dfrac{1}{1+nz}$ は $|z| \geq 2$ で一様収束することを示せ．またこの一様収束域を拡張できるか考えよ．

3.2 次のベキ級数の収束半径を求めよ．

(1) $\sum_{n=1}^{\infty} n^p z^n$ (p：定数) (2) $\sum_{n=1}^{\infty} n^n z^n$ (3) $\sum_{n=1}^{\infty} \dfrac{n!}{n^n} z^n$ (4) $\sum_{n=1}^{\infty} n^{\log n} z^n$

3.3 級数 $\sum c_n z^n$ の収束半径を R とするとき，級数 $\sum c_n^2 z^n$, $\sum c_n z^{2n}$ の収束半径を求めよ．(解答をみて理解できれば十分である．コーシー・アダマールの公式を使うと簡単に求められるが…．)

3.4 (1) $\sum \alpha_n z^n$, $\sum \beta_n z^n$ の収束半径をそれぞれ R_1, R_2 とするとき $\sum \alpha_n \beta_n z^n$ の収束半径は $R_1 R_2$ 以上であることを示せ．

(2) $\sum \alpha_n \beta_n z^n$ の収束半径がちょうど $R_1 R_2$ になる例と，$R_1 R_2$ より大きくなる例を挙げよ（これも解答をみて理解できれば十分）．

3.5 $f(z) = \sum_{n=1}^{\infty} c_n z^n$ のとき，$\sum_{n=1}^{\infty} n^2 c_n z^n$ を $f(z)$ で表せ．

3.6 以下の各方程式を満たす z をすべて求めよ．

(1) $e^z = -1$ (2) $e^z = i$ (3) $e^z = -1 + i$

3.7 以下の各方程式を満たす z をすべて求めよ．

(1) $\cos z = 0$ (2) $\sin z = 0$ (3) $\sin z = 2i$ (4) $\tan z = i$

3.8 (1) $\cos z$ および (2) $\sin z$ の実部と虚部を求めよ．

3.9 以下の値を求めよ．
 (1) $\log(3i)$ (2) $\log(3+4i)$ (3) $\mathrm{Log}(1+\sqrt{3}i)$

3.10 次の値を多価性を考えて，すべて求めよ．
 (1) 1^i (2) $i^{1/3}$ (3) $(1+i)^{2-2i}$ (4) $i^{(i^i)}$

4 複素積分とコーシーの積分定理

4.1 曲線と線積分

複素平面上の曲線とは，ある閉区間から複素平面への連続写像のことであり，それはパラメータ t を用いて，$C : z(t) = x(t) + iy(t)$ $(a \leq t \leq b)$ と書くことができるのであった．しかし，我々が曲線といった場合，思いうかべるのは連続写像の像 $z(t)$ が複素平面 $\mathbb{C}$ において作る向きがついた図形のことである．しかし，そのような図形を一つ与えた場合，それに対するパラメータ t のとり方は一通りではない．実際，単調増加な連続関数 $\varphi : [c,d] \to [a,b]$ で $\varphi(c) = a, \varphi(d) = b$ となるものを用いて，$\tilde{z}(\tau) = z(\varphi(\tau))$ と定義すれば，連続写像 $\tilde{z}(\tau) : [c,d] \to \mathbb{C}$ により定義される曲線の C における像は，もとの曲線の像と一致している．そこでこのようなパラメータの取り換えによって得られた曲線は，もとの曲線と同じであると考えることにする．

曲線 $z(t) : [a,b] \to \mathbb{C}$ において，$\tilde{z}(t) = z(a+b-t)$ を考えて，t を a から b まで動かせば，$\tilde{z}(t)$ は C の終点 $z(b)$ から始点 $z(a)$ までを動く．いまの場合 $\varphi(\tau) = a+b-\tau$ とおくと φ は単調減少関数になっている．このように，与えられた曲線 C の始点と終点を逆にした曲線を $-C$ と書く．また，二つの曲線 $C_1 : z_1(t)$ $(a \leq t \leq b)$ と $C_2 : z_2(t)$ $(b \leq t \leq c)$ が与えられて，$z_1(b) = z_2(b)$ ならば $a \leq t \leq b$ のとき $z(t) = z_1(t)$ $b \leq t \leq c$ のとき，$z(t) = z_2(t)$ とおいて C_1 と C_2 をつないだ曲線 $C : z(t)$ $(a \leq t \leq c)$ が得られる．このように二つの曲線をつないだ曲線を $C_1 + C_2$ と書いて，C_1 と C_2 の**和**という．

> **問題 4.1** 上記の曲線の和の定義では，曲線 C_1 におけるパラメータ t の動く範囲

が $a \leq t \leq b$, C_2 におけるパラメータの動く範囲が $b \leq t \leq c$ となっていた．しかし，一般に二つの曲線が与えられて，第一の曲線の終点と第二の曲線の始点が一致すれば，その二つの曲線をつなぐことができるはずである．その場合必ずしも，第一の曲線の終点を表すパラメータと，第二の曲線の始点を表すパラメータが同じ値とは限らない．その場合，二つの曲線をつないでできる曲線のパラメータをどのようにとれば，適当な閉区間で定義された曲線のパラメータ表示が得られるか．

曲線 $C: z(t)$ $(a \leq t \leq b)$ において，始点と終点が一致するなら，すなわち $z(a) = z(b)$ となるなら，C は閉曲線と呼ばれる．特に，始点と終点以外では決して $z(t_1) = z(t_2)$ とならない曲線を**単一閉曲線**，または**ジョルダン** (Jordan) **閉曲線**という．その最も簡単な例として円がある．**ジョルダンの曲線定理**によれば，『単一閉曲線 C は平面全体を C を共通の境界とする二つの領域に分け，その一方は有界でもう一方は有界ではない．』有界である方を C **の内部**，そうでない方を**外部**と呼ぶ．

以後曲線としては，特に断らない限り区分的に滑らかな曲線を考える．区分的に滑らかな曲線とは滑らかな曲線（正則曲線）の有限個の和で表される曲線のことであった（1.3 節を参照せよ）．

D を平面の領域とし，$p(x,y), q(x,y)$ を D で連続な関数として，

$$\omega = p(x,y)dx + q(x,y)dy \tag{4.1}$$

を **1 次微分形式**，または簡単に **1 形式**という．$p(x,y), q(x,y)$ が D で C^1 級の関数であれば，ω を C^1 級の 1 形式と呼ぶ．$F(x,y)$ を D で C^1 級の関数として，その全微分

$$dF = \frac{\partial F}{\partial x}dx + \frac{\partial F}{\partial y}dy \tag{4.2}$$

は 1 形式の例であり，特に**完全 (微分) 形式**と呼ばれる．D に含まれる滑らかな曲線を $C: z(t) = x(t) + iy(t)$ $(a \leq t \leq b)$ として，1 形式の**曲線 C に沿う積分**を

$$\int_C p(x,y)dx + q(x,y)dy = \int_a^b \left(p(x(t),y(t))\frac{dx}{dt} + q(x(t),y(t))\frac{dy}{dt} \right) dt \tag{4.3}$$

で定義する．滑らかな曲線に対しては，パラメータの変更に用いる関数 $\varphi(\tau)$ は C^1 級の単調増加な関数，すなわち $\varphi'(\tau) > 0$ となる関数 $\varphi(\tau)$ に限ると約束する．そのとき，積分 (4.3) は，パラメータのとり方によらない．

問題 4.2 線積分の定義 (4.3) がパラメータのとり方によらないことを示せ．

曲線 C が区分的に滑らかであり，有限個の滑らかな曲線 C_i の和として $C = C_1 + \cdots + C_m$ と表されているときは，$\omega = pdx + qdy$ に対して

$$\int_C \omega = \sum_{k=1}^m \int_{C_k} \omega$$

と定義する．線積分の定義より，1 形式 $\omega = pdx + qdy$ と区分的に滑らかな曲線 C, C_1, C_2 に対して，

$$\int_{-C} \omega = -\int_C \omega, \qquad \int_{C_1 + C_2} \omega = \int_{C_1} \omega + \int_{C_2} \omega \tag{4.4}$$

などの公式が成り立つ．

問題 4.3 (4.4) の第 1 式を証明せよ．

曲線 C が単一閉曲線の場合は C に沿っての線積分を考えるときは，C の内部を左手に見ながら進む向きを**正の向き**と定め，特に断らない限り，積分は正の向きに行うものとする．

例 4.1 C を原点中心，半径 a の円とする．そのパラメータ表示は

$$z(t) = a(\cos t + i \sin t) \quad (0 \leq t \leq 2\pi)$$

である．$\omega = -ydx + xdy$ とすれば

$$\int_C \omega = \int_0^{2\pi} (-a\sin t(-a\cos t) + a\cos t(a\cos t))dt = a^2 \int_0^{2\pi} dt = 2\pi a^2$$

となる．

特に，完全形式 dF に対しては

$$\int_C dF = \int_a^b \left(F_x(x(t),y(t))\frac{dx}{dt} + F_y(x(t),y(t))\frac{dy}{dt} \right) dt$$
$$= \int_a^b \frac{d}{dt} F(x(t),y(t)) dt = F(x(b),y(b)) - F(x(a),x(b))$$

であるから，線積分は曲線の始点と終点の位置だけにしか依存しないことがわかる．特に C が閉曲線なら，上の積分の値は 0 である．今度は，$\omega = p(x,y)dx + q(x,y)dy$ の線積分が常に曲線の始点と終点にしか依存しないと仮定する．そのとき，始点 $P(x_0,y_0)$ を固定し，終点 $Q(x,y)$ と曲線 C で結んで，C に沿う ω の線積分を考える．積分の値は C のとり方によらず，終点 (x,y) だけで決まるから，

$$F(x,y) = \int_C p(x,y)dx + q(x,y)dy$$

とおくことができる．特に，C として，$Q(x,y)$ の十分近くで x 軸に平行となるものをとれば，C は (x_0,y_0) と $Q(x,y)$ に十分近い固定点 $Q_0(x_1,y)$ を結ぶ曲線 C_1 と，Q_0 と $Q(x,y)$ を結ぶ線分 C_2 の和で表される．そのとき，

$$F(x,y) = \int_{C_1} \omega + \int_{C_2} \omega$$

であり，第 1 項は定数であり，第 2 項は x 自身をパラメータにとって，

$$\int_{x_1}^x p(x,y)dx$$

と表すことができる．これより，$\partial F/\partial x = p(x,y)$ を得る．同様にして，C として，Q の十分近くで y 軸に平行なものをとることにより，$\partial F/\partial y = q(x,y)$ が示される．以上により，次の定理が示された．

【定理 4.1】 領域 D で定義された 1 形式 ω が完全微分形式である必要十分条件は，D における線積分が常に曲線の始点と終点だけにしかよらないことである．

単一閉曲線に沿う線積分については次の定理が大切である．

【定理 4.2】（平面におけるグリーン (Green) の定理） （向きづけられた）単一閉曲線 C で囲まれた有界な領域を D とし，実関数 $p(x,y), q(x,y)$ が $\bar{D} = D \cup C$

を含む領域で C^1 級とする．そのとき，

$$\int_C p(x,y)dx + q(x,y)dy = \iint_D \left(\frac{\partial q}{\partial x} - \frac{\partial p}{\partial y}\right) dxdy \tag{4.5}$$

が成り立つ．ただし，線積分は正の向きに行うものとする．

証明 厳密な証明は他の教科書に任せて，領域 D が特別な形の場合に証明を与える．いま，領域 D が以下のように二通りの方法で表される場合を考える．すなわち

$$D = \{(x,y) | a \leq x \leq b, \ \varphi_1(x) \leq y \leq \varphi_2(x)\} \tag{4.6}$$
$$= \{(x,y) | c \leq y \leq d, \ \psi_1(y) \leq x \leq \psi_2(y)\} \tag{4.7}$$

であると仮定する (図 4.1 参照)．

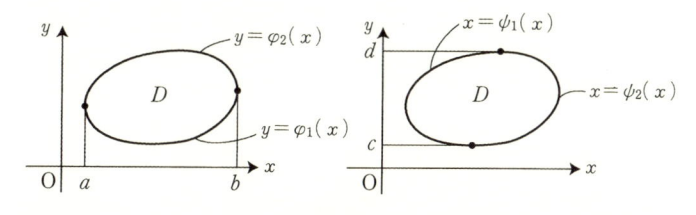

図 4.1

領域 D の表現 (4.6) に対しては，x を曲線のパラメータにとって曲線 K_1, K_2 を

$$K_1 : y = \varphi_1(x) \quad a \leq x \leq b, \qquad K_2 : y = \varphi_2(x) \quad a \leq x \leq b$$

で定義し，それらの向きをパラメータ x が増加する向きに選べば，向きも考えて，$\partial D = C = K_1 - K_2$ であることがわかる．そのとき，逐次積分により

$$\iint_D -\frac{\partial p}{\partial y}dxdy = \int_a^b \left(\int_{\varphi_1(x)}^{\varphi_2(x)} -\frac{\partial p(x,y)}{\partial y}dy\right)dx$$
$$= \int_a^b \{-p(x,\varphi_2(x)) + p(x,\varphi_1(x))\}dx$$

である．したがって，線積分の定義と (4.4) により，

$$\iint_D -\frac{\partial p}{\partial y}dxdy = \int_{K_1} pdx - \int_{K_2} pdx = \int_{K_1-K_2} pdx = \int_C pdx \quad (4.8)$$

が得られる．まったく同様に，D の表現 (4.7) に対しては，y を曲線のパラメータにとって，曲線 L_1, L_2 を

$$L_1 : x = \psi_1(y), \quad c \leq y \leq d \qquad L_2 : x = \psi_2(y), \quad c \leq y \leq d$$

で定義し，それらの向きをパラメータ y が増加する向きに選べば，向きも考えて $\partial D = C = L_2 - L_1$ であることがわかる．そのとき，逐次積分により

$$\iint_D \frac{\partial q}{\partial x}dxdy = \int_c^d \left(\int_{\psi_1(y)}^{\psi_2(y)} \frac{\partial q(x,y)}{\partial x}dx \right) dy$$
$$= \int_c^d \{q(\psi_2(y),y) - q(\psi_1(y),y)\}dy$$

である．ここで再び線積分の定義と，(4.4) により

$$\iint_D \frac{\partial q}{\partial x}dxdy = \int_{L_2} qdy - \int_{L_1} qdy = \int_{L_2-L_1} qdy = \int_C qdy \quad (4.9)$$

を得る．(4.8) と (4.9) をあわせて，定理の結論である (4.5) が得られる．∎

注意 1 形式 $\omega = f(x,y)dx + g(x,y)dy$ に対して，その**外微分** $d\omega$ を

$$d\omega = (g_x - f_y)dx \wedge dy \quad (4.10)$$

で定義する．(4.10) の右辺に現れる関数と $dx \wedge dy$ との積を，**2 次の微分形式**または，簡単に **2 形式**という．ここで，$\wedge$ は歪対称な積であって

$$dx \wedge dy = -dy \wedge dx, \qquad dx \wedge dx = dy \wedge dy = 0 \quad (4.11)$$

を満たすものとする．定義式 (4.10) を正当化するには，以下のように考えればよい．まず，外微分作用素 d は，関数 φ に対しては，通常の全微分 $d\varphi = \varphi_x dx + \varphi_y dy$ を対応させ，dx, dy に対しては 0 を対応させる，すなわち，$d(dx) = d(dy) = 0$ と約束する．さらに，作用素 d は 1 形式の和に対しては，線形に作用し，関数

と dx, dy との積に対しては積の微分の法則で作用するものとする．以上の計算規則と $\wedge$ の歪対称性により，

$$d(f(x,y)dx) = df \wedge dx + fd(dx) = (f_x dx + f_y dy) \wedge dx = -f_y dx \wedge dy \tag{4.12}$$

$$d(g(x,y)dy) = dg \wedge dy + gd(dy) = (g_x dx + g_y dy) \wedge dy = g_x dx \wedge dy \tag{4.13}$$

が得られる．したがって，$d\omega$ は (4.10) のように計算できることがわかる．特に，完全形式 dF に対しては，$d(dF) = 0$ となるが，この事実は $d(dx) = d(dy) = 0$ であることを普遍化したものと考えればよいだろう．また2形式 $\Theta = H(x,y)dx \wedge dy$ の領域 D における積分を

$$\int_D \Theta = \iint_D H(x,y) dx dy$$

で定義する．単一閉曲線 C および C で囲まれる（有界な）領域を D とすると，D の境界が C であるから，それを $C = \partial D$ と表記する．そのとき，グリーンの定理は1形式 ω について，

$$\int_{\partial D} \omega = \int_D d\omega \tag{4.14}$$

と簡潔に表すことができる．ただし，線積分は正の向き，すなわち領域 D を進行方向左手に見る向きに行うものとする．

例 4.2 例 4.1 の $\omega = -y dx + x dy$ に対して，グリーンの定理を適用すると，

$$\int_C \omega = 2 \int_D dx dy$$

となるが，右辺は D の面積の2倍を表す．したがって，C を原点中心，半径 a の円とすれば，この積分の値は $2\pi a^2$ であることがわかる．

4.2 複素積分

まず実1変数の複素数値連続関数 $F(t) = U(t) + iV(t)$ の閉区間 $[a, b]$ における積分を，

$$\int_a^b F(t)dt = \int_a^b U(t)dt + i\int_a^b V(t)dt \tag{4.15}$$

で定義する．そのとき，実 1 変数関数の積分の場合の拡張として，以下の不等式が成り立つ．

$$\left|\int_a^b F(t)dt\right| \le \int_a^b |F(t)|dt \tag{4.16}$$

(4.16) を証明するには，積分の定義に戻ればよい．閉区間 $[a,b]$ を分割して，$a = t_0 < t_1 < \cdots < t_n = b$ とし，各分割区間内に $t_{i-1} < \xi_i < t_i$ $(i = 1, \ldots, n)$ となる ξ_i をとれば，3 角不等式により，

$$\left|\sum_{i=1}^n (U(\xi_i) + iV(\xi_i))(t_i - t_{i-1})\right| \le \sum_{i=1}^n |U(\xi_i) + iV(\xi_i)|(t_i - t_{i-1})$$

この不等式で，分割区間の幅 $t_i - t_{i-1}$ の最大値が限りなく 0 に近づくように分割を細かくしていく ($n \to \infty$ とする) と，積分の定義により不等式 (4.16) が得られる．

区分的に滑らかな曲線 $C : z(t)$ $(a \le t \le b)$ と，C を含む開集合で定義された連続関数 $f(z)$ に対して，$f(z)$ の**曲線 C に沿う複素 (線) 積分**を

$$\int_C f(z)dz = \int_a^b f(z(t))z'(t)dt$$

で定義する．$z(t) = x(t) + iy(t)$, $f(z) = u(x,y) + iv(x,y)$ とすれば，

$$\int_C f(z)dz = \int_a^b \{u(x(t),y(t))x'(t) - v(x(t),y(t))y'(t)\}\,dt$$
$$+ i\int_a^b \{u(x(t),y(t))y'(t) + v(x(t),y(t))x'(t)\}\,dt$$

であるから，これは実線積分を用いて

$$\int_C f(z)\,dz = \int_C u(x,y)dx - v(x,y)dy + i\int_C u(x,y)dy + v(x,y)dx \tag{4.17}$$

と表すことができる．したがって，これを複素積分の定義として出発することもできる．すなわち，形式的に

$$f(z)dz = (u(x,y) + iv(x,y))(dx + idy) = (udx - vdy) + i(udy + vdx) \tag{4.18}$$

と計算して，左辺の線積分を右辺の線積分で定義してもよい．(4.18) の左辺の $f(z)dz$ を **1次の複素微分形式**という．実線積分はパラメータのとり方によらないから，複素線積分がパラメータのとり方によらないことは明らかである．また，実1形式の線積分の性質 (4.4) より直ちに公式

$$\int_{-C} f(z)dz = -\int_{C} f(z)dz, \quad \int_{C_1+C_2} f(z)dz = \int_{C_1} f(z)dz + \int_{C_2} f(z)dz$$
(4.19)

が従う．

例 4.3 C を半径1の円の上半分で，反時計回りに向きをつけたものとする．そのとき複素積分 $\int_C z^2 dz$ を求めよう．曲線 C は $z(t) = \exp(it)$ $(0 \le t \le \pi)$ と表せるから，求める積分は

$$\int_C z^2 dz = \int_0^\pi (\exp(it))^2 (i\exp(it))dt$$
$$= \int_0^\pi i\exp(3it)dt = \left[\frac{\exp 3it}{3}\right]_0^\pi = -\frac{2}{3}$$

となる．この積分を (4.17) を用いて実線積分で計算することも可能である．

複素積分に不等式 (4.16) を当てはめると，

$$\left|\int_C f(z)dz\right| \le \int_a^b |f(z)||z'(t)|dt$$

が得られる．ここで形式的に

$$\int_a^b |f(z)||z'(t)|dt = \int_C |f(z)||dz| \tag{4.20}$$

とおけば，不等式

$$\left|\int_C f(z)dz\right| \le \int_C |f(z)||dz| \tag{4.21}$$

が得られる．ここで曲線 C を C^1 級と仮定すれば，(4.20) で $f(z) = 1$ とした

$$\int_C |dz| = \int_a^b |z'(t)|dt = \int_a^b \sqrt{(x'(t))^2 + (y'(t))^2}\, dt$$

は曲線 C の長さであることに注意する.そこで,(4.20) を $|f(z)|$ の弧長に関する積分と呼び,$\int_C |f(z)|\,ds$ と書くことがある.いま曲線として考えているのは,区分的に滑らかな曲線であり,そのような曲線は必ず有限の長さをもつことが知られている.

問題 4.4 (1) (4.20) の左辺の積分が,曲線のパラメータのとり方によらないことを示せ.
(2) C を長さが L(有限値) である曲線であるとし,C 上での $|f(z)|$ の最大値を M とおくとき,
$$\left|\int_C f(z)\,dz\right| \leq ML$$
を示せ.

次に述べる定理は,一様収束性の仮定のもとで,極限操作と複素積分の順序が交換できることを示すものである.

【定理 4.3】 (区分的に滑らかな) 曲線 C 上で,連続な関数列 $\{f_n(z)\}$ が C 上で (連続) 関数 $f(z)$ に一様に収束するならば,
$$\lim_{n\to\infty}\int_C f_n(z)\,dz = \int_C f(z)\,dz \tag{4.22}$$
である.

証明 $f(z)$ は連続関数であるから,(4.22) の左辺の積分は存在する.一様収束性より,任意の $\epsilon > 0$ に対して適当な自然数 N を選べば,C 上の任意の点 z で $|f_n(z) - f(z)| < \epsilon$ となる.曲線の長さを L とすれば,不等式 (4.21) より,
$$\left|\int_C f_n(z)dz - \int_C f(z)dz\right| = \left|\int_C (f_n(z) - f(z))dz\right|$$
$$\leq \int_C |f_n(z) - f(z)|\,|dz| \leq \epsilon \int_C |dz| = \epsilon L$$
であることに注意して,定理の結果が従う. ∎

この定理を一様収束する関数項級数に当てはめて,次の定理が得られる.

【定理 4.4】 曲線 C 上で定義された連続な関数項級数 $\sum_n f_n(z)$ が C で一様収束するならば，この級数は項別積分可能である．すなわち，

$$\int_C \sum_{n=1}^{\infty} f_n(z)\, dz = \sum_{n=1}^{\infty} \int_C f_n(z)\, dz \tag{4.23}$$

である．

次に，連続関数 $f(z) = u(x,y) + iv(x,y)$ の複素線積分が，曲線の始点と終点だけで決まるのはどのような場合か調べてみよう．定理 4.1 と (4.17) によれば，そのためには二つの微分形式 $udx - vdy$ と $udy + vdx$ がともに完全形式であればよい．言い換えれば，D で C^1 級の関数 $U(x,y), V(x,y)$ であって，$U_x = u(x,y), U_y = -v(x,y)$ および $V_x = v(x,y), V_y = u(x,y)$ を満たすものが存在すればよい．そのとき，$F(z) = U(x,y) + iV(x,y)$ とおくと，その実部と虚部 U と V はコーシー・リーマンの関係式を満たすから，$F(z)$ は D で正則な関数を定義し，

$$\frac{dF}{dz} = U_x(x,y) + iV_x(x,y) = u(x,y) + iv(x,y) = f(z)$$

により $F(z)$ の導関数は $f(z)$ である．逆に $f(z)$ が正則関数 $F(z)$ の導関数ならば滑らかな曲線 $C : z(t)\ (a \leq t \leq b)$ に対して，複素積分の定義と合成関数の微分の公式より

$$\begin{aligned}\int_C f(z)dz &= \int_C F'(z)dz = \int_a^b F'(z)z'(t)dt \\ &= \int_a^b \frac{d}{dt}\left(F(z(t))\right)\,dt = F(z(b)) - F(z(a))\end{aligned} \tag{4.24}$$

を得る．C が区分的に滑らかな場合 (C が滑らかな曲線の有限個の和である場合) には，(4.24) 左辺の積分を (4.18) の第 2 式を用いて，滑らかな曲線に沿う積分の和に分解すれば，(4.24) の右辺が得られる．よって，関数 $f(z) = F'(z)$ の複素積分は曲線によらず始点と終点だけで決まる．関数 $F(z)$ を関数 $f(z)$ の**原始関数**という．以上により以下の定理が示された．

【定理 4.5】 領域 D での連続関数の曲線 C に沿う線積分 $\int_C f(z)dz$ が C の始

点 α と終点 β だけで決まるための必要十分条件は，$f(z)$ が D で原始関数 $F(z)$ をもつことである．そのとき

$$\int_C f(z)dz = F(\beta) - F(\alpha)$$

である．

例 4.4 例 4.3 では $F(z) = z^3/3$ とおけば $F'(z) = f(z) = z^2$ であるから

$$\int_C z^2 dz = F(終点) - F(始点) = F(-1) - F(1) = -\frac{2}{3}$$

となる．

4.3　コーシーの積分定理と積分表示

A．コーシーの積分定理

まず最初は領域 D として，D 内にどのような単一閉曲線を描いても，(ジョルダンの曲線定理によって定まる) 曲線の内部が D に含まれるものを考える．このような領域を**単連結な領域**という．単連結領域とは直観的にいえば穴が空いていない領域のことである．そのとき，次の定理が成り立つ．この定理は**コーシーの積分定理**と呼ばれ，複素関数論で最も基本的な定理である．

【定理 4.6】（コーシーの積分定理） 複素関数 $f(z)$ が単連結領域 D で正則であるとき，D 内の単一閉曲線 C について，

$$\int_C f(z)\,dz = 0 \tag{4.25}$$

が成り立つ．

証明 正則性の仮定より，$f(z)$ の導関数 $f'(z)$ は D で連続である．すなわち，$f(z)$ の実部と虚部 $u(x,y), v(x,y)$ が領域 D で C^1 級である．単一閉曲線 C の内部を G とおけば，グリーンの定理 (定理 4.2) により

$$\int_C u(x,y)dx - v(x,y)dy = \iint_G \left(-\frac{\partial u}{\partial y}(x,y) - \frac{\partial v}{\partial x}(x,y)\right) dxdy,$$

$$\int_C u(x,y)dy + v(x,y)dx = \iint_G \left(\frac{\partial u}{\partial x}(x,y) - \frac{\partial v}{\partial y}(x,y)\right) dxdy$$

であるが，これらは，コーシー・リーマンの関係式によって，いずれも0となる．したがって，(4.17) より (4.25) が成り立つことがわかる． ∎

注意1 単連結領域 D 内の任意の閉曲線 C に対しては，一般に始点＝終点以外に自分自身と交わる可能性がある．そのような場合には，各交点について単一閉曲線を一つずつ切り離すことにより，C を単一閉曲線の和で表すことができる．したがって，(4.25) は単連結領域 D 内の一般の閉曲線について成り立つ．一般の閉曲線を単一閉曲線の和で表す手続きを簡単に述べる．議論はかなり直観的であるが，ある種の性質のよい閉曲線（たとえば折れ線等）については，それが単一閉曲線の和で表されることが納得できるであろう（図 4.2 参照）．

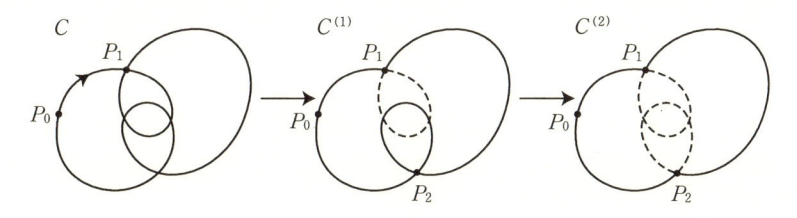

図 4.2

C は閉曲線であるから，始点として C 上の任意の点 P_0 にとる．C が単一閉曲線でない場合には，P_0 から出発して C 向きに沿って進めば C と再び交わるので，初めて C と交わる点を P_1 とおく．P_1 から出発して，C の向きに沿って再び P_1 に至る C の一部分 C_1 は単一閉曲線である．そこで，C から C_1 を取り除き，それを $C^{(1)}$ とおく．$C^{(1)}$ は P_0 を始点として，P_1 を通過し，P_0 に戻る閉曲線である．$C^{(1)}$ が単一閉曲線であればそれを C_2 とおけば $C = C_1 + C_2$ となって，C を単一閉曲線の和で表すことができる．そうでない場合には，再び，いま述べた手続きを行って，$C^{(1)}$ から単一閉曲線 C_2 を切り離して，閉曲線 $C^{(2)}$ を得る．この手続きを繰り返すことにより，C を単一閉曲線の和で表

すことができる．

注意 2 複素関数 $f(z)$ が (単連結とは限らない) 領域 D で正則であり，曲線 C が単一閉曲線でその内部が D に含まれるならば，(4.25) が成り立つ．

【系 4.1】 単連結領域 D で正則な関数 $f(z)$ と D 内の始点と終点を共有する二つの曲線 C_1, C_2 に対して，

$$\int_{C_1} f(z)\,dz = \int_{C_2} f(z)\,dz \tag{4.26}$$

が成り立つ．

証明 曲線の和 $C = C_1 + (-C_2)$ を作れば，曲線 C は D 内の閉曲線となるから，定理 4.6 のあとに述べた注意 1 より，$f(z)$ の曲線 C に沿う積分は 0 になる．したがって，複素積分の性質 (4.19) を用いれば，

$$0 = \int_C f(z)\,dz = \int_{C_1} f(z)dz - \int_{C_2} f(z)dz$$

が得られるので，(4.26) が示されたことになる． ∎

さらにこの系 4.1 と定理 4.5 より以下の系が成り立つことがわかる．

【系 4.2】 単連結領域 D で正則な関数は原始関数をもつ．すなわち，D で正則な複素関数 $f(z)$ に対して，固定点 $z_0 \in D$ と D の任意の点 $z \in D$ を D 内の曲線 C で結んで C 上 $f(z)$ の線積分を作れば，その値は曲線 C によらず z だけで決まるので，その線積分を

$$F(z) = \int_{z_0}^{z} f(\zeta)\,d\zeta$$

とおくことができる．そのとき定理 4.5 より，$F(z)$ は $f(z)$ の原始関数（の一つ）であって，$F'(z) = f(z)$ である．

例 4.5 n が負でない整数なら，$(z-\alpha)^n$ は複素平面全体で正則な関数 $(z-\alpha)^{n+1}/(n+1)$ の導関数であるから，任意の閉曲線 C について，

$$\int_C (z-\alpha)^n dz = 0 \tag{4.27}$$

が成り立つ．n が負の整数で $n \neq -1$ なら，$(z-\alpha)^n$ は複素平面全体から $z = \alpha$ を除いた領域で正則な関数 $(z-\alpha)^{n+1}/(n+1)$ の導関数であり，$z = \alpha$ を通らない任意の閉曲線について (4.27) が成り立つ．$n = -1$ のときは，(4.27) は必ずしも成り立たない．たとえば，α を中心とする半径 r の円周 $S^1(r): z = \alpha + re^{it}\ (0 \le t \le 2\pi)$ を考えると，円周上では $dz = ire^{it}dt$ であるから，複素積分の定義より

$$\int_{S^1(r)} \frac{dz}{z-\alpha} = \int_0^{2\pi} i\,dt = 2\pi i \tag{4.28}$$

である．この事実より，複素平面全体から $z = \alpha$ を除いた領域 $D(\alpha)$ で正則で，導関数が $1/(z-\alpha)$ となる関数は存在しないことがわかる．領域 $D(\alpha)$ は単連結ではないから，系 4.2 は使えないが，$n = -2, -3, \ldots$ の場合は $D(\alpha)$ で原始関数が存在する．$n = -1$ のときは $D(\alpha)$ では原始関数は存在しないが，その一部では原始関数が存在する．たとえば，α を通り α から左に無限に延びる半直線 $\{z | z = \alpha + t, t \le 0\}$ を $D(\alpha)$ から除いた領域 $L(\alpha)$ は単連結であり，この領域では $1/(z-\alpha)$ の線積分は，上の系 4.2 より積分路によらず定まるので，

$$F(z) = \int_1^z \frac{d\zeta}{\zeta - \alpha} \tag{4.29}$$

とおくことができる．実際に，(4.29) を計算するには，特別な積分路に沿って計算すればよい．z を極形式で表して，$z = re^{i\varphi}$ $(-\pi \leq \varphi \leq \pi)$ とし，まず，1 から単位円に沿って $e^{i\varphi}$ に至り，ついで $e^{i\varphi}$ から r 方向に $re^{i\varphi}$ に至る積分路をとれば，

$$F(z) = \int_1^{e^{i\varphi}} \frac{d\zeta}{\zeta} + \int_{e^{i\varphi}}^{re^{i\varphi}} \frac{d\zeta}{\zeta}$$

であり，第 1 項の積分では $\zeta = e^{i\theta}$ とおき，第 2 項の積分では $\zeta = \rho e^{i\varphi}$ とおけば，

$$F(z) = \int_0^{\varphi} i d\theta + \int_1^r \frac{d\rho}{\rho} = i\varphi + \log r$$

となる．これは対数関数の主値 $\mathrm{Log}(z)$ である．$L(\alpha)$ の境界である半直線の上側から，半直線に近づくとき $F(z)$ の虚部は πi に近づき，下側から半直線に近づくとき，$F(z)$ の虚部は $-\pi i$ に近づく．このように $F(z)$ は境界の半直線に沿って連続ではなく，したがって，$F(z)$ を $D(\alpha)$ 全体で定義された連続関数に拡張することができない．このような複素関数 $\log(z - \alpha)$ の虚部の多価性が $\dfrac{1}{z-\alpha}$ の原始関数が $D(\alpha)$ で存在しない理由になっている．

内部に $z = \alpha$ を含まない単一閉曲線 C に対しては，コーシーの積分定理により

$$\int_C \frac{dz}{z - \alpha} = 0$$

である．

コーシーの積分定理を使った積分の計算例を挙げよう．

例 4.6 フレネル (Fresnel) 積分

$$\int_0^{\infty} \cos x^2 \, dx = \int_0^{\infty} \sin x^2 \, dx = \frac{\sqrt{\pi}}{2\sqrt{2}} \tag{4.30}$$

を証明してみよう．まず全平面で正則な関数 $f(z) = \exp(-z^2)$ を考える．積分路として扇型 $|z| \leq R$, $0 \leq \arg z \leq \pi/4$ の周に正の向きをつけた単一閉曲線 C をとる（図 4.3 参照）．

C のうち $\arg z = 0$ の部分では $z = x$, $0 \leq x \leq R$, 円弧の部分は $z = Re^{i\theta}$ $(0 \leq \theta \leq \pi/4)$ であり，また $\arg z = \pi/4$ の部分では $z = re^{i\pi/4}$ $(0 \leq r \leq$

4.3 コーシーの積分定理と積分表示

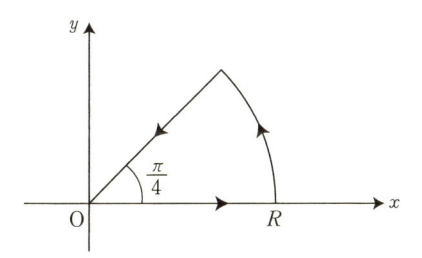

図 4.3

R) であるから，コーシーの積分定理を用いると，

$$\int_C f(z)dz = \int_0^R \exp(-x^2)\,dx + \int_0^{\pi/4} \exp(-R^2 e^{2i\theta})\,iRe^{i\theta}\,d\theta \\ + \int_R^0 \exp(-r^2 e^{\pi i/2}) e^{\pi i/4}\,dr \quad (4.31)$$

を得る．(4.31) の右辺第 1 項については，$R \to \infty$ とすると $\sqrt{\pi}/2$ に収束することがよく知られている．第 3 項については，$e^{\pi i/2} = i$ に注意して積分変数を形式的に x と書き直せば，

$$e^{\pi i/4}\int_R^0 \exp(-ix^2)\,dx = e^{\pi i/4}\int_R^0 (\cos x^2 - i\sin x^2)\,dx$$

が得られる．後で示すように，(4.31) の右辺の第 2 項の積分が $R \to \infty$ で 0 に収束するので，(4.31) より

$$\int_0^\infty (\cos x^2 - i\sin x^2)\,dx = e^{-\pi i/4}\int_0^\infty \exp(-x^2)\,dx \\ = e^{-\pi i/4}\frac{\sqrt{\pi}}{2} = \frac{(1-i)\sqrt{\pi}}{2\sqrt{2}}$$

となる．ここで実部と虚部をとれば (4.30) が導かれる．あとは，(4.31) の右辺の第 2 項が 0 に収束することを示せばよい．まず，不等式

$$\sin t \geq \frac{2}{\pi}t \quad \left(0 \leq t \leq \frac{\pi}{2}\right)$$

により，不等式

$$\exp(-R^2 \sin t) \leq \exp(-2R^2 t/\pi) \quad (0 \leq t \leq \frac{\pi}{2}) \quad (4.32)$$

が導かれることに注意する．(4.31) の右辺の第 2 項の絶対値をとれば

$$\left| \int_0^{\pi/4} \exp(-R^2 e^{2i\theta}) \, iRe^{i\theta} \, d\theta \right| \leq \int_0^{\pi/4} \exp(-R^2 \cos 2\theta) R \, d\theta$$

となるから，ここで積分変数の変換 $2\theta = \pi/2 - t$ を行い，不等式 (4.32) を用いると，

$$(4.31) \text{ の右辺第 2 項} = \frac{R}{2} \int_0^{\pi/2} \exp(-R^2 \sin t) \, dt$$

$$\leq \frac{R}{2} \int_0^{\pi/2} \exp(\frac{-2R^2 t}{\pi}) \, dt \leq \frac{\pi}{4R}(1 - \exp(-R^2)) \quad (4.33)$$

が得られる．ここで $R \to \infty$ とすれば (4.33) の右辺が 0 に近づくことは容易にわかる．これですべての計算が終わった．

B. コーシーの積分定理の拡張

【定理 4.7】 単一閉曲線 C の内部に単一閉曲線 C_1 があり，C と C_1 で囲まれる環状の領域を G とする．関数 $f(z)$ が，G とその境界 C, C_1 の合併集合 $\bar{G}$ を含むある領域 D で正則なら，

$$\int_C f(z) \, dz = \int_{C_1} f(z) \, dz$$

が成り立つ．ただし，積分路はいずれも正の向き，反時計回りにとる（図 4.4 参照）．

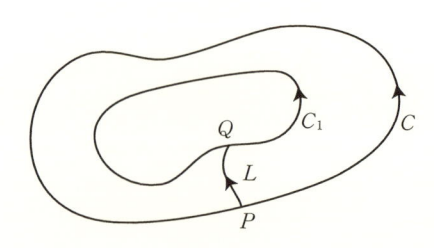

図 4.4

証明 図 4.4 のように C 上の点 P と C_1 上の点 Q を選んで，この 2 点を P から Q へ向かう G 内の曲線 L を考える．いま点 P を出発して反時計回りに C を一周して P に戻り，今度は L に沿って Q まで行き，Q から時計回りに曲線 C_1 を一周して Q に戻り，Q から曲線 L に沿って P へ戻る向きづけられた閉曲線 $\Gamma = C + L - C_1 - L$ を考える (曲線 Γ においては，曲線 C_1 を与えられた C_1 の向きとは逆にたどることに注意せよ)．この曲線 Γ は進行方向左手に G を見るから正の向きの単一閉曲線であるから，コーシーの積分定理により

$$\int_\Gamma f(z)\,dz = \int_C f(z)\,dz + \int_L f(z)\,dz + \int_{-C_1} f(z)\,dz + \int_{-L} f(z)\,dz = 0$$

である．複素積分の公式 (4.19) の第 2 式を用いると，右辺の第 2 項と 4 項は打ち消し合い，第 3 項は C 上の積分の符号を変えたものになる．したがって，

$$\int_C f(z)\,dz - \int_{C_1} f(z)\,dz = 0$$

を得る．これで定理の結論が得られた． ∎

例 4.7 C を $z = \alpha$ を通らない単一閉曲線とするとき

$$\int_C \frac{dz}{z-\alpha} = \begin{cases} 0 & (\alpha\ が\ C\ の外部にある) \\ 2\pi i & (\alpha\ が\ C\ の内部にある) \end{cases} \tag{4.34}$$

α が C の外部にあれば，$f(z) = 1/(z-\alpha)$ は C の内部で正則であるから，コーシーの積分定理より，その積分は 0 となる．α が C の内部にある場合は，α を中心として半径が十分小さい円周 K をとれば，K は C の内部にある．したがって，定理 4.7 により

$$\int_C \frac{dz}{z-\alpha} = \int_K \frac{dz}{z-\alpha} = 2\pi i$$

を得る．ここで最後の等号は (4.28) から従う．

定理 4.7 と同様にして，以下の定理を証明することができる．

【定理 4.8】 単一閉曲線 C の内部に互いに交わらない単一閉曲線 $C_1,\dots,C_n$ があるとし，C の内部の点であってすべての $C_1,\dots,C_n$ の外部にある点全体

からなる (n 個穴が空いた) 領域を G とする. 関数 $f(z)$ が, G とその境界 $C, C_1, \ldots, C_n$ の合併集合 $\bar{G}$ を含むある領域 D で正則なら,

$$\int_C f(z)\, dz = \sum_{k=1}^n \int_{C_k} f(z)\, dz \tag{4.35}$$

が成り立つ. ただし, 積分路はすべて正の向きにとるものとする (図 4.5 参照).

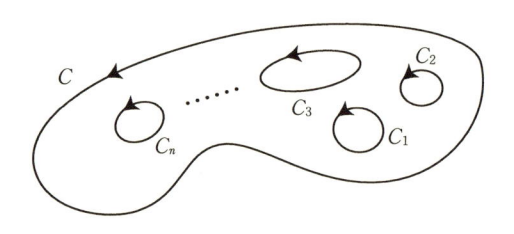

図 4.5

注意 この定理は, 単一閉曲線 C で囲まれる領域 D から有限個の点 $\alpha_1, \alpha_2, \ldots, \alpha_n$ を除いた領域 D_0 で, 複素関数 $f(z)$ が正則な場合に適用される. その場合 (4.35) の右辺は $f(z)$ の特異点 α_k での留数の和の $2\pi i$ 倍であることが第 7 章の留数定理 (定理 7.1) によってわかる. 次にもっと一般に関数 $f(z)$ が単連結な領域 D で有限個の点 $\alpha_1, \ldots, \alpha_n$ を除いて正則で, C が D に含まれる一般の閉曲線 (単一閉曲線とは限らない) の場合を考えよう. この場合も, α_k を内部に含み, C とは交わらない単一閉曲線 (α_k を中心とする半径が十分小さな円周で十分) C_k を考えれば, (4.35) が成り立つ. それを確かめるには, 閉曲線 C を単一閉曲線の和に書き直して考えてみればよい.

C. コーシーの積分表示

以下では, コーシーの積分定理から直接導かれる定理 4.7 を用いて, **コーシーの積分表示**を導く. このコーシーの積分表示式は正則関数を, それ自身を用いて積分表示する公式であり, 正則関数の多くの性質がこの表示式から導かれる.

【定理 4.9】(コーシーの積分表示) C を単一閉曲線とし, 関数 $f(z)$ は周 C と

その内部を含む領域で正則とする. そのとき, C の内部の任意の点 z に対して,

$$f(z) = \frac{1}{2\pi i} \int_C \frac{f(\zeta)}{\zeta - z} d\zeta \tag{4.36}$$

が成り立つ.

証明 右辺の被積分関数 $f(\zeta)/(\zeta - z)$ は, ζ の関数として $\zeta = z$ 以外で正則であるから, r を十分小さく選べば, z を中心とする半径 r の円周 $C_r = S(z, r)$ は C の内部に含まれ, 定理 4.7 より

$$\frac{1}{2\pi i} \int_C \frac{f(\zeta)}{\zeta - z} d\zeta = \frac{1}{2\pi i} \int_{C_r} \frac{f(\zeta)}{\zeta - z} d\zeta \tag{4.37}$$

である. そこで右辺の積分を計算するために, $\zeta = z + re^{i\theta}$ $(0 \leq \theta \leq 2\pi)$ とおくと,

$$\frac{1}{2\pi i} \int_{C_r} \frac{f(\zeta)}{\zeta - z} d\zeta = \frac{1}{2\pi i} \int_0^{2\pi} \frac{f(z + re^{i\theta})}{re^{i\theta}} ire^{i\theta} d\theta = \frac{1}{2\pi} \int_0^{2\pi} f(z + re^{i\theta}) d\theta$$

となる. ここで, $f(\zeta)$ は $\zeta = z$ 連続であるから, 任意の $\epsilon > 0$ に対して, r を十分小さくとると $|f(z + re^{i\theta}) - f(z)| \leq \epsilon$ とできるので

$$\left| \frac{1}{2\pi i} \int_{C_r} \frac{f(\zeta)}{\zeta - z} d\zeta - f(z) \right| \leq \left| \frac{1}{2\pi} \int_0^{2\pi} (f(z + re^{i\theta}) - f(z)) d\theta \right|$$

$$\leq \frac{1}{2\pi} \int_0^{2\pi} |f(z + re^{i\theta}) - f(z)| d\theta \leq \epsilon$$

を得る. したがって, $r \to 0$ とすれば, (4.37) の右辺は $f(z)$ に収束する. r は任意であったから, これで定理が証明された. ∎

定理 4.7 を拡張して, 定理 4.8 を得たように, この定理を拡張して以下の定理を得る.

【定理 4.10】 定理 4.8 と同じ仮定のもとで, 領域 D 内の任意の点 z に対して

$$f(z) = \frac{1}{2\pi i} \int_C \frac{f(\zeta)}{\zeta - z} d\zeta - \frac{1}{2\pi i} \sum_{k=1}^n \int_{C_k} \frac{f(\zeta)}{\zeta - z} d\zeta \tag{4.38}$$

が成り立つ.

練 習 問 題

4.1 C を半径 a の円の上半分で,反時計回りに向きをつけたものとして,以下の線積分の値を求めよ.
 (1) $\int_C (x+y)\,dx$ (2) $\int_C (x+y)\,dy$

4.2 (1) アステロイド $x^{2/3}+y^{2/3}=a^{2/3}$ を適当なパラメータで表せ.
 (2) (1) の結果から,グリーンの定理を用いて,アステロイドで囲まれた有界領域の面積を線積分によって計算せよ.

4.3 $D=\{(x,y)\mid \dfrac{x^2}{a^2}+\dfrac{y^2}{b^2}<1\}$ (楕円の内部) とするとき,グリーンの定理を用いて $\int_D (x^2+y^2)dxdy$ を求めよ.

4.4 (1) C_1 を 0 から 1,1 から $1+i$ に至る線分の和,(2) C_2 を 0 から i,i から $1+i$ に至る線分の和,(3) C_3 を 0 から $1+i$ に至る線分とする.そのとき各々の曲線に沿う複素積分 $\int_{C_i} \bar{z}\,dz\ (i=1,2,3)$ を求めよ.ただし,$\bar{z}=x-iy$ は $z=x+iy$ の複素共役である.

4.5 任意の単一閉曲線を C とするとき,C の内部の領域の面積を S とおけば $\int_C \bar{z}dz=2iS$ であることを示せ.

4.6 4 頂点が $(0,0),(1,0),(1,1),(0,1)$ であるような正方形の周 (向きは時計と反対回り) に沿って積分 $\int_C |z|^2 dz$ を求めよ.

4.7 4 点 $\pi/2,\pi/2+i,-\pi/2+i,-\pi/2$ をこの順で結んで得られる折れ線 C に沿って,$\cos z$ の複素積分を定義に従って計算し,$\cos z$ の原始関数 $\sin z$ を利用して求めた値と比較せよ.

4.8 C を原点中心半径 1 の円周に反時計回りの向きをつけたものとして,$\int_C |z-1||dz|$ を求めよ.

4.9 $|\alpha|\neq r$ として,積分 $\displaystyle\int_{|z|=r} \dfrac{|dz|}{|z-\alpha|^2}$ を求めよ.

4.10 (1) C を楕円 $z(t)=a\cos t+ib\sin t\ (a,b>0, 0\leq t\leq 2\pi)$ とするとき,実際の計算を行うことなしに,複素積分 $\int_C \dfrac{dz}{z}$ の値を求めよ.
 (2) (1) の結果を用いて $\displaystyle\int_0^{2\pi} \dfrac{dt}{a^2\cos^2 t+b^2\sin^2 t}$ の値を求めよ.

4.11 次の複素線積分を計算せよ．

(1) $\displaystyle\int_{|z|=1} \frac{e^z}{z^2}\, dz$ (2) $\displaystyle\int_{|z|=2} \frac{dz}{1+z^2}$ (3) $\displaystyle\int_{|z-i|=1} \frac{dz}{1+z^2}$

4.12 C を原点中心で半径 3 の円周とするとき，$\displaystyle\int_C \frac{\sin\pi z^2 + \cos\pi z^2}{(z-1)(z-2)}\, dz$ を求めよ．

4.13 $f(z) = u(z) + iv(z)$ は $|z| < R$ で正則とし，その実部 $u(z)$ は $|z| = R$ で連続とする．そのとき，コーシーの積分表示により

$$f(z) = \frac{1}{2\pi i} \int_{|\zeta|=\rho} \frac{f(\zeta)}{\zeta - z}\, d\zeta \quad (|z| < \rho < R)$$

が成り立つ．

(1) この ρ を固定すれば，$z = re^{i\theta}$ の円 $|\zeta| = \rho$ に関する鏡像点 $z^* = \rho^2 e^{i\theta}/r$ に関して $\displaystyle\frac{1}{2\pi i} \int_{|\zeta|=\rho} \frac{f(\zeta)}{\zeta - z^*}\, d\zeta = 0$ が成り立つことを示せ．

(2) $\displaystyle f(re^{i\theta}) = \frac{1}{2\pi} \int_0^{2\pi} f(\rho e^{i\varphi}) \frac{\rho^2 - r^2}{\rho^2 - 2\rho r \cos(\varphi-\theta) + r^2}\, d\varphi$ を示せ．

(3) ポアソン (Poisson) の積分表示

$$u(re^{i\theta}) = \frac{1}{2\pi}\int_0^{2\pi} u(Re^{i\varphi}) \frac{R^2 - r^2}{R^2 - 2Rr\cos(\varphi-\theta)+r^2}\, d\varphi \quad (0 \le r < R)$$

を導け．

5 正則関数

5.1 正則関数の解析性と一致の定理

3.4 節ではベキ級数で定義された関数は正則であることを示したが,逆に,この節では正則関数が,ある収束円の内部で解析的であること,すなわち収束円の内部でベキ級数に展開されることを示そう.

【定理 5.1】 複素関数 $f(z)$ は領域 D で正則とする.そのとき D の任意の点を c として,c と D の境界との距離を R とすれば開円板 $V(c,R) = \{z \mid |z-c| < R\}$ において $f(z)$ は c を中心とするベキ級数

$$\sum_{n=0}^{\infty} c_n (z-c)^n \tag{5.1}$$

に展開され,係数 c_n は一意的に

$$c_n = \frac{f^{(n)}(c)}{n!} = \frac{1}{2\pi i} \int_{C_r} \frac{f(\zeta)}{(\zeta-c)^{n+1}}\, d\zeta \tag{5.2}$$

と表すことができる.ここで $C_r = S(c,r)$ は c を中心とする半径 r の円周で,r は $|z-c| < r < R$ を満たす任意の正の数である.

(5.1) を,$f(z)$ の $z = c$ における(または $z = c$ を中心とする)**テイラー (Taylor) 展開**といい,特に,$c = 0$ のときは,**マクローリン (Maclaurin) 展開**という.

証明 コーシーの積分表示(第 4 章,定理 4.9)より,$C_r = S(c,r)$ の内部の

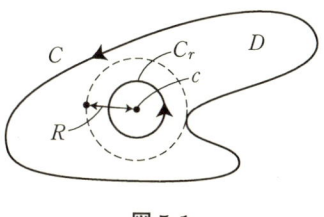

5.1 正則関数の解析性と一致の定理

図 5.1

任意の点 z に対して,
$$f(z) = \frac{1}{2\pi i} \int_{C_r} \frac{f(\zeta)}{\zeta - z} \, d\zeta$$
が成り立つ. ここで $\zeta \in C_r$ より $|z-c|/|\zeta-c| < 1$ であることに注意すれば, 等比級数の和の公式により

$$\frac{1}{\zeta - z} = \frac{1}{(\zeta - c) - (z - c)} = \frac{1}{\zeta - c} \cdot \frac{1}{1 - \dfrac{z-c}{\zeta - c}}$$

$$= \frac{1}{\zeta - c} \sum_{n=0}^{\infty} \left(\frac{z-c}{\zeta - c} \right)^n$$

となり,

$$\frac{f(\zeta)}{\zeta - z} = \sum_{n=0}^{\infty} \frac{f(\zeta)(z-c)^n}{(\zeta - c)^{n+1}} \tag{5.3}$$

を得る. ζ に関する関数項級数 (5.3) は C_r 上で,

$$\left| \frac{f(\zeta)(z-c)^n}{(\zeta - c)^{n+1}} \right| \leq \frac{M}{r} \left(\frac{|z-c|}{r} \right)^n$$

と評価されるから, 収束する優級数をもつことになる. したがって, ワイエルシュトラスの定理 (第3章, 定理 3.11) により, この関数項級数は C_r 上で絶対一様 (ζ に関して) 収束する. ここで, M は C_r における $|f(\zeta)|$ の最大値である. よって, 第4章, 定理 4.4 により項別積分可能となり,

$$f(z) = \frac{1}{2\pi i} \int_{C_r} \sum_{n=0}^{\infty} \frac{f(\zeta)(z-c)^n}{(\zeta-c)^{n+1}} d\zeta$$
$$= \sum_{n=0}^{\infty} \left(\frac{1}{2\pi i} \int_{C_r} \frac{f(\zeta)}{(\zeta-c)^{n+1}} d\zeta \right) (z-c)^n$$

が得られる.ここで,

$$c_n = \frac{1}{2\pi i} \int_{C_r} \frac{f(\zeta)}{(\zeta-c)^{n+1}} \, d\zeta$$

とおけば,$f(z)$ の $z=c$ を中心とするベキ級数展開 (5.1) を得る.さらに,第3章,定理 3.15 の系 3.4 により,その係数は

$$c_n = \frac{1}{n!} f^{(n)}(c)$$

によって一意的に定まる.したがって,(5.2) を得る. ■

この定理の帰結として,複素関数の正則性,すなわち,$f(z)$ の微分可能性と $f'(z)$ の連続性から,$f(z)$ の解析性(テイラー展開可能性)が従うことがわかる.よって,その特別な場合として,グルサ(Goursat)による以下の結果が導かれる.

【系 5.1】(グルサ) 領域 D で正則な関数 $f(z)$ の導関数 $f'(z)$ は再び正則となる.

式 (5.2) から正則関数の微分係数に関して,以下の評価式が成り立つことが示される.

【定理 5.2】(コーシーの評価式) 複素関数 $f(z)$ が閉円盤 $\{z \mid |z-c| \leq R\}$ で正則(閉円盤を含む開集合で正則)で,$|z-c| \leq R$ で $|f(z)| \leq M$ ならば,

$$|f^{(n)}(c)| \leq \frac{n!M}{R^n}, \quad n = 0,1,2,\ldots \tag{5.4}$$

である.

証明 (5.2) より直ちに

$$|f^{(n)}(c)| \leq \frac{n!}{2\pi} \int_{C_r} \frac{|f(\zeta)|}{|\zeta-c|^{n+1}} \, |d\zeta| \leq \frac{n!}{2\pi} \frac{M}{r^{n+1}} 2\pi r = \frac{n!M}{r^n}$$

が得られる.ここで $r \to R$ とすれば定理の結論が従う. ■

注意 特に，コーシーの評価式 (5.4) で，M として $|z-c| \leq R$ における $|f(z)|$ の最大値をとった場合を考えると，$n=k$ に対する等号は，$f(z) = c_k(z-c)^k$ のとき，そのときに限って成立する．その証明は，5.2 節においてパーセヴァル (Perseval) の等式の応用として述べる．

テイラー (マクローリン) 展開の（係数の）一意性により，ある正則関数を何らかの方法でベキ級数で表せば，それがテイラー (マクローリン) 展開となる．またベキ級数で定義された関数については定義式自体がテイラー (マクローリン) 展開を与える．

例 5.1 $|z| < 1$ なら

$$\frac{1}{1+z} = 1 - z + z^2 - \cdots + (-1)^n z^n + \cdots$$

であるが，これは $1/(1+z)$ のマクローリン展開である．もっと一般に複素数 $c(\neq -1)$ に対して

$$\frac{1}{1+z} = \frac{1}{(1+c)} \frac{1}{1 + \dfrac{z-c}{1+c}}$$

と変形できるから，$|z-c| < |1+c|$ であれば，

$$\frac{1}{1+z} = \frac{1}{1+c} \sum_{n=0}^{\infty} (-1)^n \left(\frac{z-c}{1+c}\right)^n$$

が得られる．これが，$1/(1+z)$ の $z=c$ におけるテイラー展開を与える．このテイラー級数の収束半径は $|1+c|$ である．

例 5.2 $|z| < \infty$ で

$$e^z = \sum_{n=0}^{\infty} \frac{z^n}{n!}, \quad \sin z = \sum_{n=0}^{\infty} \frac{(-1)^n}{(2n+1)!} z^{2n+1}, \quad \cos z = \sum_{n=0}^{\infty} \frac{(-1)^n}{(2n)!} z^{2n}$$

は，マクローリン展開を与える．

例 5.3 $f(z) = \text{Log}(1+z)$ は，無限多価の複素関数 $\log(1+z)$ の値のうちで，虚部が $-\pi$ から π の間にあるものを表す．したがって，$z=0$ のとき，関数値は

0 となることに注意しよう．$f(z)$ のマクローリン展開を求めよう．$f(z)$ は，複素平面全体から実軸の $x \leq -1$ である部分を除いた領域 D で正則で，$f(0) = 0$ であり，

$$f'(z) = \frac{1}{1+z}, \quad \cdots, \quad f^{(n)}(z) = (-1)^{n-1}\frac{(n-1)!}{(1+z)^n}, \quad \cdots$$

であるから，$f^{(n)}(0) = (-1)^{n-1}(n-1)!$ となる．したがって，

$$\mathrm{Log}(1+z) = z - \frac{z^2}{2} + \frac{z^3}{3} - \cdots = \sum_{n=1}^{\infty}(-1)^{n-1}\frac{z^n}{n} \tag{5.5}$$

を得る．ここで特異点が $z = -1$ にあることに注意すると，$z = 0$ を中心として特異点 $z = -1$ を含まない最大半径の開円盤は $|z| < 1$ である．したがって，(5.5) の収束半径は 1 となる．

問題 5.1 ベキ級数 (5.5) の収束半径が 1 であることを，直接確かめよ．

次に正則関数の零点について考察する．ある領域 D で定義された正則関数 $f(z)$ に対して，$c \in D$ が $f(c) = 0$ を満たすとき，$z = c$ は関数 $f(z)$ の **零点** であるという．$f(z)$ を $\{|z - c| < r\} \subset D$ でのテイラー展開 $f(z) = \sum_{i=0} c_n(z-c)^n$ を考えれば，明らかに $c_0 = 0$ であることがわかる．一般に，$z = c$ が $f(z)$ の零点であれば，$z = c$ を中心とするテイラー展開は

$$f(z) = \sum_{n=p}^{\infty} c_n(z-c)^n = (z-c)^p \sum_{m=0}^{\infty} c_{m+p}(z-c)^m \quad (c_p \neq 0) \tag{5.6}$$

の形となる．ここで，正の整数 p を，零点 $z = c$ の **位数** と呼ぶ．また，そのとき $z = c$ は $f(z)$ の p **位の零点** であるという．$z = c$ が $f(z)$ の p 位の零点であるための必要十分条件は，$f(c) = f'(c) = \cdots = f^{(p-1)}(c) = 0$，$f^{(p)}(c) \neq 0$ となることである．

正則関数の零点については，以下の定理が成り立つ．

【定理 5.3】 領域 D で正則な関数 $f(z)$ の有限位数の零点は D の孤立点となる．

証明 関数 $f(z)$ の任意の零点（有限位数）を $z = c$ として，$z = c$ でテイラー展開すると (5.6) が得られる．そのとき $g(z) = f(z)/(z-c)^p$ は $\{|z-c| < r\}$

で正則な関数だから，もちろん連続な関数である．$g(c) = c_p \neq 0$ であるから，連続性により十分小さい ε を選べば，任意の $z \in V(c, \varepsilon)$ に対して $g(z) \neq 0$ である．したがって，$V(c, \varepsilon)$ 内の $f(z)$ の零点は $z = c$ だけとなる．よって，$z = c$ は孤立点となる． ∎

次に，$p \to \infty$ の場合を考えよう．$z = c$ におけるテイラー展開の係数 c_n がすべて 0 のとき，言い換えれば $f(c), f'(c), \ldots, f^{(n)}(c), \ldots$ がすべて 0 のとき，$f(z)$ の $\{|z - c| < r\}$ におけるテイラー展開は恒等的に 0 となり，$f(z)$ は $\{|z - c| < r\}$ において恒等的に 0 となる．この事実は，解析関数の特徴であり，C^∞ 級関数とは著しく異なる点である．ここでは述べないが，ある点ですべての高階の微分係数が 0 になるにもかかわらず，その点の近くでは恒等的に 0 にはならない C^∞ 級の関数を構成することが可能である．

> **問題 5.2** 領域 D で正則な関数 $f(z), g(z)$ の積 $f(z)g(z)$ が D で恒等的に 0 なら，$f(z)$ または $g(z)$ は恒等的に 0 であることを示せ．

【定理 5.4】 領域 D において正則な関数 $f(z)$ が D の内部の点 α を集積点としてもつ点列 $\{z_n\}$ $(n = 1, 2, \ldots)$ に対して，$f(z_n) = 0$ を満たすならば，D において $f(z) = 0$ となる．

証明 連続性により，$f(\alpha) = 0$ となるから，$z = \alpha$ は $f(z)$ の D における零点となる．定理 5.3 から有限位数の零点は孤立しているから，結局 $z = \alpha$ は無限位数の零点，すなわち，$z = \alpha$ でのテイラー展開の係数はすべて 0 となり，$f(z)$ は $\{|z - \alpha| < r\}$ で恒等的に 0 となる．ここで D の部分集合で $f(z)$ のすべての階数の微分係数がすべて 0 となる点全体のなす集合を A とする．今までの議論により，A は開集合であり，$A \neq \emptyset$ である．証明すべきは $A = D$ となることである．D の連結性を使ってこのことを示す．D の点で A に含まれない点の全体を B とする．B は $f(z) \neq 0$ となる点 $z \in D$（このような点の全体は開集合である）と有限位数の零点からなる．有限位数の零点は D で孤立しており，その十分近くでは有限位数の零点以外のすべての点は $f(z) \neq 0$ となる点である．したがって，$f(z) \neq 0$ を満たす点と有限位数の零点全体の和集合である

B は開集合となる．当然 $A \cup B = D$ であり，D は連結であって，$A \neq \emptyset$ であるから $B = \emptyset$ を得る．よって $A = D$ が得られた．これで証明が終わった．∎

定理 5.4 を $f(z) - g(z)$ に当てはめて，以下の系を得る．

【系 5.2】（一致の定理） 領域 D において正則な関数 $f(z), g(z)$ が D の内部の点 α を集積点としてもつ点列 $\{z_n\}$ $(n = 1, 2, \ldots)$ に対して $f(z_n) = g(z_n)$ を満たすならば，D において $f(z) = g(z)$ となる．

5.2 リウヴィルの定理・最大値の原理

前節で示したコーシーの評価式によれば，$|z - c| \leq R$ を含む領域 D で正則な関数 $f(z)$ のテイラー展開

$$\sum_{n=0}^{\infty} c_n (z - c)^n \tag{5.7}$$

の係数 c_m は，

$$|c_m| \leq \frac{M}{R^m} \tag{5.8}$$

を満たす．ただし，$|z - c| \leq R$ で $|f(z)| \leq M$ であると仮定した．この評価式で $m = 1$ とおくと，

$$|c_1| = |f'(c)| \leq \frac{M}{R} \tag{5.9}$$

が得られる．この評価式から，直ちに以下の定理が得られる．

【定理 5.5】（リウヴィル(Liouville)） 複素平面全体で有界な正則関数は定数に限る．

証明 正則関数 $f(z)$ が複素平面全体で $|f(z)| \leq M$ を満たしているとすると，複素平面の各点で評価式 (5.9) が成り立つ．ここで，R は任意にとれるので，$f'(c) = 0$ になってしまう．すなわち，複素平面全体からなる領域で $f'(z) = 0$ が満たされる．したがって，第 2 章，定理 2.6 により $f(z)$ は定数関数となる．∎

リウヴィルの定理を用いることにより，第1章で予告した**代数学の基本定理**を証明することができる．

【定理 5.6】（代数学の基本定理） 複素係数の n 次代数方程式

$$z^n + \alpha_{n-1}z^{n-1} + \cdots + \alpha_1 z + \alpha_0 = 0 \tag{5.10}$$

は，複素数の範囲で必ず解をもつ．

証明 背理法で示す．方程式 (5.10) が複素数の範囲で，解をもたないと仮定すると，$f(z) = z^n + \alpha_{n-1}z^{n-1} + \cdots + \alpha_1 z + \alpha_0$ は複素平面全体で正則で，零点をもたず，

$$|f(z)| = |z^n|\left|1 + \frac{\alpha_{n-1}}{z} + \cdots + \frac{\alpha_0}{z^n}\right| \longrightarrow \infty \quad (|z| \to \infty)$$

である．そこで，関数 $g(z) = 1/f(z)$ を考えれば，$g(z)$ は複素平面全体で正則となり，$|g(z)| \to 0 \ (|z| \to \infty)$ であるから，複素平面全体で有界となる．したがって，リウヴィルの定理により $g(z)$ は定数関数となり，$f(z) = 1/g(z)$ は定数関数となる．これで矛盾が導かれた． ■

注意 定理 5.6 で保証されるのは，方程式 (5.10) が少なくとも一つの解をもつことであるが，因数定理を繰り返し用いることにより，方程式 (5.10) が複素数の範囲で，重複度をこめて n 個の解をもつことわかる．

次に，コーシーの評価式 (5.8) を拡張することを考える．その前に，まず以下の定理を示そう．

【定理 5.7】（パーセヴァル（Parseval）の等式）　複素関数 $f(z)$ は $|z-c| \leq R$ を含む領域で正則な関数として，そのテイラー展開を (5.7) で与えるとき，$0 < r < R$ となる任意の r に対して，

$$\frac{1}{2\pi}\int_0^{2\pi}\left|f(c+re^{i\theta})\right|^2 d\theta = \sum_{n=0}^\infty |c_n|^2 r^{2n} \tag{5.11}$$

が成り立つ．

証明　まず

$$\frac{1}{2\pi}\int_0^{2\pi}(z-c)^m\overline{(z-c)}^n d\theta = \begin{cases} r^{2m} & (m=n) \\ 0 & (m \neq n) \end{cases} \tag{5.12}$$

であることに注意する．なぜなら，

$$\text{左辺} = \frac{1}{2\pi}\int_0^{2\pi} r^m e^{mi\theta} r^n e^{-ni\theta} d\theta = \frac{r^{m+n}}{2\pi}\int_0^{2\pi} e^{(m-n)i\theta} d\theta$$

であるからである．$f(z)$ のテイラー展開は，$|z-c|=r$ 上で絶対一様収束するから，無限和の順序変更と項別積分が可能であり，(5.12) を用いれば，

$$\frac{1}{2\pi}\int_0^{2\pi}\left|f(c+re^{i\theta})\right|^2 d\theta = \frac{1}{2\pi}\int_0^{2\pi} f(c+re^{i\theta})\overline{f(c+re^{i\theta})}d\theta$$
$$= \frac{1}{2\pi}\int_0^{2\pi}\sum_{m=0}^\infty c_m(z-c)^m \sum_{n=0}^\infty \overline{c_n}\overline{(z-c)}^n d\theta$$
$$= \frac{1}{2\pi}\sum_{m,n=0}^\infty c_m\bar{c_n}\int_0^{2\pi}(z-c)^m\overline{(z-c)}^n d\theta = \sum_{n=0}^\infty |c_n|^2 r^{2n}$$

を得る．これでパーセヴァルの等式が示された． ∎

いま，定理 5.7 と同じ仮定のもとで $M(r) = \max_{|z-c|=r}|f(z)|$ とおくと，パーセヴァルの等式より，

$$\sum_{n=0}^\infty |c_n|^2 r^{2n} = \frac{1}{2\pi}\int_0^{2\pi}\left|f(c+re^{i\theta})\right|^2 d\theta \leq \frac{1}{2\pi}\int_0^{2\pi} M(r)^2 d\theta = M(r)^2$$

が成り立つ．いま $|z-c| \leq R$ において $f(z)$ が有界とする．そのとき, $|z-c| \leq R$ における $|f(z)|$ の最大値を M とおいて $r \to R$ とすれば，不等式

$$\sum_{n=0}^{\infty} |c_n|^2 R^{2n} \leq M^2 \tag{5.13}$$

が得られる．この不等式は**グッツメル (Gutzmer) の不等式**と呼ばれる．この不等式が，特別な場合としてコーシーの評価式 (5.8) を含んでいることは明らかである．また，この不等式から，コーシーの不等式 (5.8) で等号が成り立つのは，$n \neq m$ となる n に対して，$c_n = 0$ となる場合でなければならないことがわかる．実際，$f(z) = c_m(z-c)^m$ の場合には直接計算で，容易に (5.8) で，等号が成り立つことがわかる．結局不等式 (5.8) の等号は $f(z) = c_m(z-c)^m$ のときそのときに限ることになる．

問題 5.3 (1) 複素関数 $f(z)$ が $|z-c| \leq R$ を含む領域で正則ならば，

$$f(c) = \frac{1}{2\pi} \int_0^{2\pi} f(c + Re^{i\theta})\, d\theta \tag{5.14}$$

が成り立つことを示せ．(**ガウスの平均値の定理**)

(2) 上で示したガウスの平均値の定理 (5.14) を用いて，以下で示す定理 5.8 の一部：『複素関数 $f(z)$ が領域 D で正則で，D において $|f(z)| \leq M$ とする．そのとき，D の内点 c で $|f(c)| = M$ となるなら，$f(z)$ は D で定数関数である』を示せ．

【定理 5.8】(最大値の原理)

(1) 複素関数 $f(z)$ は領域 D で正則で，$|f(z)| \leq M$ を満たしているとする．もし $|f(c)| = M$ であるような D の点 c が存在するならば，$f(z)$ は D で定数である．

(2) 複素関数 $f(z)$ が有界な領域 D で正則で，$\bar{D}$ で連続であるとき $\bar{D}$ における $|f(z)|$ の最大値を M とおくとき，$|f(c)| = M$ となるような D の境界点 c が，必ず存在する．

証明 まず (1) を示す．任意の $c \in D$ に対して，十分小さく r を適当に選べば，$V(c,r) \subset D$ であるようにできる．先に述べた不等式 (5.13) より

$|c_0|R^0 = |c_0| = |f(c)| \leq M$ であり，この不等式で等号が成り立つのは $f(z)$ が $|z-c| \leq r$ で定数関数 $f(z) = c_0 (|c_0| = M)$ であるときに限る．したがって，一致の定理より $f(z)$ は D 全体で 0 である．次に (2) を示す．$|f(z)|$ は有界閉集合 $\bar{D}$ で連続な関数であるから $\bar{D}$ で最大値をもつ．ところが (1) より，$|f(z)|$ が D で最大値をとるなら，$f(z)$ は定数関数となってしまう．その場合，連続性から $f(z)$ は $\bar{D}$ で定数となる．$f(z)$ が定数関数でないなら，$|f(z)|$ は D の内点で最大値をとることはないから，最大値は必ず境界点でとる． ∎

【系 5.3】（**最小値の原理**） $f(z)$ が有界な領域 D で正則であるとし，さらに，$\bar{D}$ で連続で，$f(z) \neq 0$ であると仮定する．そのとき，$|f(z)|$ は $\bar{D}$ の境界で最小値をとる．

証明 $g(z) = 1/f(z)$ とおくと，$f(z) \neq 0\ (z \in \bar{D})$ より，$g(z)$ は領域 D で正則で，$\bar{D}$ で連続である．そこで，$g(z)$ について最大値の原理を用いればよい． ∎

複素関数 $f(z)$ が $|z| < R$ で正則であると仮定して，$0 < r < R$ を満たす r に対して，$|z| \leq r$ における $|f(z)|$ の最大値を $M(r)$ とおく．そのとき，以上の議論により，$M(r)$ は単調増加，すなわち，$0 \leq r_1 < r_2 < R$ ならば $M(r_1) \leq M(r_2)$ であることがわかる．さらに，等号が成り立つのは $M(r)\ (r < R)$ が r によらない定数となるときに限ることもわかる．

問題 5.4 [リウヴィルの定理の拡張] 全平面で正則な関数 $f(z)$ に対して，$|M(r)| \leq Kr^N$ が成り立つような適当な正の定数 K が存在すると仮定する．そのとき，$f(z)$ は高々 N 次の多項式でなければならないことを示せ．

【定理 5.9】*（**シュワルツ (Schwartz) の予備定理**） 複素関数 $f(z)$ は $f(0) = 0$ を満たし，$|z| < R$ で正則で，$|f(z)| \leq M$ を満たしているとする．そのとき，$|z| < R$ において不等式

$$|f(z)| \leq \frac{M}{R}|z| \tag{5.15}$$

が成り立つ．さらに $0 < |z| < R$ であるようなある z に対して，(5.15) において等号が成り立つならば

$$f(z) = \frac{M}{R}e^{i\theta}z \qquad (5.16)$$

が成り立つ.

証明 まず不等式 (5.15) を証明する. $z=0$ のときは明らかであるから, $z \neq 0$ のときに示せば十分である. $f(0)=0$ に注意すれば, $f(z)$ のマクローリン展開は

$$f(z) = \sum_{n=1}^{\infty} c_n z^n = z \sum_{n=0}^{\infty} c_{n+1} z^n$$

となる. ここで, $g(z) = \sum_{n=0}^{\infty} c_{n+1} z^n$ とおくと, $f(z) = zg(z)$ である. $g(z)$ は $|z| < R$ で正則であるから, $|z| \leq r$ $(0 < r < R)$ に対しては最大値の原理により,

$$|g(z)| \leq \frac{M(r)}{r} \leq \frac{M}{r}$$

が成り立つ. ここで, $M(r)$ は $|z| \leq r$ における $f(z)$ の最大値である. そこで, $r \to R$ とすれば,

$$|g(z)| \leq \frac{M}{R} \qquad (5.17)$$

が成り立ち, (5.15) が得られる. (5.17) における等号が成立するのは, 最大値の原理により, $g(z)$ が $|z| < R$ において, 絶対値が M/R であるような定数に等しいとき, すなわち, (5.16) が成り立つときに限る. ∎

練 習 問 題

5.1 C を原点中心で半径 2 の円周とするとき, 積分 $\dfrac{1}{2\pi i}\displaystyle\int_C \dfrac{e^{2z}}{(z-i)^5}\,dz$ の値を (5.2) を利用して求めよ.

5.2 $\dfrac{z}{1+z}$ の $z=1$ におけるテイラー展開を求めよ.

5.3 (1) $\dfrac{1}{1+z^2}$ のマクローリン展開を求めよ.

(2) $\dfrac{1}{z^2-2z+2}$ の $z=1$ におけるテイラー展開を求めよ.

5.4 $\dfrac{z}{(z-1)(z-2)}$ を部分分数に展開することにより, そのマクローリン展開を求めよ.

5.5 $\cosh z = (e^z + e^{-z})/2$ および $\sinh z = (e^z - e^{-z})/2$ のマクローリン展開を求めよ．

5.6 $f(z) = \sin z$ の $z = \pi/2$ および $z = \pi/4$ を中心とするテイラー展開を求めよ．

5.7 次の関数の，指定された点におけるテイラー展開を求めよ．
(1) $\sin^2 z \ (z = \pi)$ (2) $\dfrac{e^z}{1-z} \ (z = 0)$ (3) $\dfrac{e^z}{1-z} \ (z = 2)$

5.8 $\tan z$ のマクローリン展開の，0 でない初めの 3 項を求めよ．

5.9 $\mathrm{Log}((1+z)/(1-z))$ のマクローリン展開を求めよ．

5.10 α を任意の複素定数として，$(1+z)^\alpha$ の主値のマクローリン展開を求めよ．またその収束半径を求めよ．

5.11 次の関数の零点とその位数を求めよ．
(1) $\sinh z$ (2) $(\cos z - 1)^2$ (3) $z^2 \sin^2 z$ (4) $\mathrm{Log}((1+z)/(1-z))$

5.12 平面全体で正則な関数 $f(z)$ が $f(z+1) = f(z)$ を満たし，さらに，実数でない定数 ω に対して $f(z+\omega) = f(z)$ を満たすなら，$f(z)$ は定数関数であることを示せ．

5.13 次の関数の絶対値の，括弧内に示す有界閉集合における最大値を求めよ．
(1) $e^z \ (|z| \le 2)$ (2) $e^z \ (|z - \pi| \le 1)$ (3) $z^3 - 2z^3 + 3z - 4 \ (|z| \le 1)$

6 有理型関数

6.1 ローラン展開

$z-c$ に関する正または負のベキを含む

$$\sum_{n=-\infty}^{\infty} c_n(z-c)^n = \sum_{n=1}^{\infty} c_{-n}\frac{1}{(z-c)^n} + \sum_{n=0}^{\infty} c_n(z-c)^n \tag{6.1}$$

の形の級数を，$z=c$ を中心とする**ローラン** (Laurent) **級数**と呼ぶ．また，負ベキの和である式 (6.1) の右辺第 1 項をローラン級数の**主要部**という．級数の右辺第 1 項すなわち，主要部は適当な $r>0$ を選べば，$|1/(z-c)| < 1/r$，すなわち $|z-c| > r$ で収束し，右辺第 2 項は適当な $R>0$ を選べば $|z-c| < R$ で収束するから，ローラン級数は同心の円環領域

$$\{z \mid r < |z-c| < R\} \tag{6.2}$$

で収束することになる．逆に，以下に示されるように，円環領域 (6.2) で正則な関数はローラン級数に展開されることがわかる．

【定理 6.1】 複素関数 $f(z)$ が同心円環領域 (6.2) で正則ならば，$f(z)$ は

$$f(z) = \sum_{n=-\infty}^{\infty} c_n(z-c)^n \tag{6.3}$$

と $z=c$ を中心とするローラン級数で表され，係数 c_n は一意的に

$$c_n = \frac{1}{2\pi i}\int_{S(c,\rho)} \frac{f(\zeta)}{(\zeta-c)^{n+1}}\, d\zeta \tag{6.4}$$

と表すことができる.ここで,$S(c,\rho)$ は c を中心,半径 ρ の円周で,ρ は $r < \rho < R$ を満たす任意の正の数である.

証明 z を円環領域の点として $r < r_1 < |z-c| < R_1 < R$ となる正の数 r_1, R_1 をとると,コーシーの積分表示の拡張(第 4 章,定理 4.10)より

$$f(z) = \frac{1}{2\pi i} \int_{S(c,R_1)} \frac{f(\zeta)}{\zeta - z} d\zeta - \frac{1}{2\pi i} \int_{S(c,r_1)} \frac{f(\zeta)}{\zeta - z} d\zeta \tag{6.5}$$

であることがわかる.ここで,上記の積分は $z = c$ を中心とするそれぞれ半径 R_1, r_1 の円周に沿って,正の向きに行われる.すでに第 5 章の定理 5.1 の証明において,(6.5) の右辺第 1 項が

$$\frac{1}{2\pi i} \sum_{n=0}^{\infty} \left(\int_{S(c,R_1)} \frac{f(\zeta)}{(\zeta - c)^{n+1}} d\zeta \right) (z-c)^n$$

となることを示した.次に,右辺の第 2 項は $\zeta \in S(c, r_1)$ より $|\zeta - c| < |z - c|$,すなわち,$|\zeta - c|/|z - c| < 1$ であることに注意すれば,

$$\frac{1}{\zeta - z} = \frac{1}{(\zeta - c) - (z - c)} = \frac{-1}{z - c} \cdot \frac{1}{1 - \dfrac{\zeta - c}{z - c}}$$

$$= \frac{-1}{z - c} \sum_{n=1}^{\infty} \left(\frac{\zeta - c}{z - c} \right)^{n-1}$$

となることがわかる.ここで,関数項級数

$$\frac{f(\zeta)}{\zeta - z} = -\sum_{n=1}^{\infty} \frac{f(\zeta)(\zeta - c)^{n-1}}{(z - c)^n}$$

は $S(c, r_1)$ 上,ζ に関して一様収束するので,第 4 章,定理 4.4 により項別積分可能となり,(6.5) の右辺第 2 項は

$$\frac{1}{2\pi i} \int_{S(c,r_1)} \sum_{n=1}^{\infty} \frac{f(\zeta)(\zeta - c)^{n-1}}{(z - c)^n} d\zeta$$

$$= \sum_{n=1}^{\infty} \left(\frac{1}{2\pi i} \int_{S(c,r_1)} f(\zeta)(\zeta - c)^{n-1} d\zeta \right) \frac{1}{(z - c)^n}$$

となる．以上で (6.5) の右辺が計算され，$f(z)$ の $z = c$ を中心とするローラン展開 (6.3) が得られた．ここで展開の係数は

$$c_n = \frac{1}{2\pi i} \int_{S(c,R_1)} \frac{f(\zeta)}{(\zeta - c)^{n+1}} \, d\zeta \quad (n = 0, 1, 2, \ldots) \tag{6.6}$$

および

$$c_{-n} = \frac{1}{2\pi i} \int_{S(c,r_1)} f(\zeta)(\zeta - c)^{n-1} \, d\zeta \quad (n = 1, 2, \ldots) \tag{6.7}$$

で与えられる．ここで，(6.6) および (6.7) における被積分関数 $f(z)/(z-c)^{n+1}$ および $f(z)(z-c)^{n-1}$ は，円環領域 (6.2) で正則であるから，コーシーの積分定理の拡張 (第 4 章, 定理 4.7) により，$r < \rho < R$ である任意の ρ をとって，$S(c, \rho)$ 上で積分を行えばよいことがわかる．したがって，(6.4) が得られた．

次に，展開の一意性を証明しよう．複素関数 $f(z)$ が円環領域 (6.2) で (6.3) のように，ローラン級数で表されるとする．この級数は $r < r_1 < R_1 < R$ となる r_1, R_1 をとれば，$r_1 \leq |z - c| \leq R_1$ で一様収束する．したがって，(6.3) の両辺に $(z - c)^{-k-1}$ をかけて $S(c, \rho)$ ($r < \rho < R$) 上で積分すれば，項別積分が可能で，

$$\int_{S(c,\rho)} \frac{f(\zeta)}{(\zeta - c)^{k+1}} \, d\zeta = \sum_{n=-\infty}^{\infty} \int_{S(c,\rho)} c_n (\zeta - c)^{n-k-1} \, d\zeta$$

が得られる．ここで，第 4 章, 例 4.5 によって，右辺の無限和は $n = k$ のときだけが $2\pi c_k$ となり，その他は 0 となる．よって，

$$c_k = \frac{1}{2\pi i} \int_{S(c,\rho)} \frac{f(\zeta)}{(\zeta - c)^{k+1}} \, d\zeta$$

が得られる．これはローラン展開が $f(z)$ によって一意的に定まることを意味する．これですべての証明が終わった．∎

上記の定理ではローラン展開の係数が (6.4) で与えられることを証明した．テイラー展開の場合もそうであったように，実際の例で，展開の係数を (6.4) を用いて計算することはほとんどない．多くの場合，何らかの方法で，与えられた関数に対するローラン級数の表示式を導き，ローラン展開の一意性によっ

て，得られた表示式が求めるべきローラン展開であるとするのである．例で説明しよう．

例 6.1 関数 $f(z) = \dfrac{\sin z}{z^3}$ の $z = 0$ を中心とするローラン展開を求めよう．$\sin z$ は複素平面全体で正則であり，

$$\sin z = z - \frac{z^3}{3!} + \frac{z^5}{5!} - \frac{z^7}{7!} + \cdots$$

であるから $0 < |z| < \infty$ でローラン展開

$$\frac{\sin z}{z^3} = \frac{1}{z^2} - \frac{1}{3!} + \frac{z^2}{5!} + \cdots + (-1)^m \frac{z^{2m-2}}{2m+1} + \cdots$$

を得る．

例 6.2 関数 $\dfrac{e^{2z}}{(z-1)^3}$ の $z = 1$ を中心とするローラン展開を求めよう．$z - 1 = u$ すなわち $z = u + 1$ とおく．

$$\frac{e^{2z}}{(z-1)^3} = \frac{e^{2(u+1)}}{u^3} = \frac{e^2}{u^3} e^{2u}$$
$$= \frac{e^2}{u^3} \left\{ 1 + 2u + \frac{(2u)^2}{2!} + \frac{(2u)^3}{3!} + \cdots \right\} = e^2 \sum_{n=0}^{\infty} \frac{2^n}{n!} (z-1)^{n-3}$$

この級数は，$z \neq 1$ となるすべての z について収束する．

例 6.3 関数 $f(z) = \dfrac{1}{(z-1)(z-2)}$ について考えよう．この関数を部分分数に展開すると，

$$f(z) = \frac{1}{z-2} - \frac{1}{z-1}$$

である．したがって，$|z| < 1$ ならば（そのとき当然 $|z/2| < 1$ である）

$$f(z) = -\frac{1}{2} \frac{1}{(1-z/2)} + \frac{1}{1-z} = \sum_{n=0}^{\infty} \left\{ -\left(\frac{1}{2}\right)^{n+1} + 1 \right\} z^n$$

を得るが，これは $f(z)$ の $z = 0$ を中心とする $|z| < 1$ でのテイラー展開である．円環領域 $1 < |z| < 2$ では，同様に考えてローラン展開

$$f(z) = -\frac{1}{2} \frac{1}{(1-z/2)} - \frac{1}{z} \frac{1}{(1-1/z)} = -\sum_{n=0}^{\infty} \left(\frac{1}{2}\right)^{n+1} z^n - \sum_{n=1}^{\infty} \frac{1}{z^n}$$

を得る．次に，$|z| > 2$ では，ローラン展開は

$$f(z) = \frac{1}{z}\frac{1}{1-2/z} - \frac{1}{z}\frac{1}{1-1/z} = \sum_{n=1}^{\infty}\left(2^{n-1}-1\right)\frac{1}{z^n}$$

となる．

いままでは，$z = 0$ を中心とするローラン展開を考えてきたが，今度は，$z = 1$ を中心とするローラン展開を計算してみよう．$z - 1 = u$，すなわち $z = u + 1$ とおけば，$f(z)$ は $0 < |z-1| = |u| < 1$ で正則で，$z = 1$ におけるローラン展開は

$$f(z) = \frac{1}{u-1} - \frac{1}{u} = -\frac{1}{u} - \sum_{n=0}^{\infty} u^n = -\frac{1}{(z-1)} - \sum_{n=0}^{\infty}(z-1)^n$$

となる．

6.2 孤立特異点

適当な $R > 0$ に対して，複素関数 $f(z)$ が $0 < |z - c| < R$ で正則であるが，円の内部 $|z - c| < R$ では正則でない場合，$z = c$ は $f(z)$ の **孤立特異点** であるという．前節で述べたように，$f(z)$ は $0 < |z - c| < R$ で

$$f(z) = \sum_{n=-\infty}^{\infty} c_n(z-c)^n = \sum_{n=1}^{\infty}\frac{c_{-n}}{(z-c)^n} + \sum_{n=0}^{\infty} c_n(z-c)^n \qquad (6.8)$$

とローラン展開される．

(6.8) で主要部の係数 c_{-n} がすべて 0 となる場合，$z = c$ は **除去可能な特異点** であるという．次に，ローラン級数 (6.8) の主要部が有限和

$$\sum_{n=1}^{k}\frac{c_{-n}}{(z-c)^n} \qquad (c_{-k} \neq 0)$$

となるとき，$z = c$ は $f(z)$ の k **位の極** である，または $f(z)$ は $z = c$ で k 位の極をもつという．最後に (6.8) の主要部が無限和（無限級数）となる場合，$z = c$ は $f(z)$ の **真性特異点** であるという．

例 6.4　例 6.1 で $\sin z/z^3$ において，$z=0$ は 2 位の極．例 6.2 で $e^{2z}/(z-1)^3$ において $z=1$ は 3 位の極．また例 6.3 では $1/(z-1)(z-2)$ においては $z=1$ および $z=2$ はともに 1 位の極である．

例 6.5　$f(z)=e^{1/z}$ の $z=0$ におけるローラン展開は

$$f(z) = 1 + \frac{1}{z} + \frac{1}{2z^2} + \cdots + \frac{1}{n!z^n} + \cdots$$

であるから，$z=0$ は真性特異点である．

A. 除去可能な特異点

$z=c$ が $f(z)$ の除去可能な特異点であるときは，(6.8) の右辺は $\sum_{n=0}^{\infty} c_n(z-c)^n$ となるので，$f(c)=c_0$ と再定義すると，$f(z)$ は $|z-c|<R$ で正則となる．

【定理 6.2】（リーマンの定理）　$0<|z-c|<R$ で正則な関数 $f(z)$ が有界，すなわち，$0<|z-c|<R$ で $|f(z)| \leq K$ となるなら，$z=c$ は除去可能な特異点である．

証明　ローラン級数 (6.8) の係数 c_n は，(6.4) によって計算されるから，$0<\rho<R$ となる正の数 ρ を任意に選べば，$n \in \mathbb{Z}$ に対して，

$$|c_n| = \left| \frac{1}{2\pi i} \int_{S(c,\rho)} \frac{f(\zeta)}{(\zeta-c)^{n+1}} d\zeta \right| \leq \frac{1}{2\pi} \int_0^{2\pi} \frac{|f(c+\rho e^{i\theta})|}{\rho^{n+1}} \rho d\theta \leq \frac{K}{\rho^n}$$

を得る．したがって，特に負ベキの係数に対しては，

$$|c_{-n}| \leq K\rho^n, \qquad (n = 1, 2, \dots)$$

である．ここで，$\rho \to 0$ とすれば，$c_{-n} = 0 \ (n = 1, 2, \dots)$ を得る．したがって，$z = c$ は除去可能な特異点である． ∎

問題 6.1 $f(z)$ が $0 < |z - c| < R$ で正則であり，極限 $\lim_{z \to c} f(z)$ が存在すれば，$z = c$ は除去可能な特異点であることを示せ．

例 6.6 $\dfrac{\sin z}{z}$ は，$0 < |z| < \infty$ で正則で $z = 0$ は除去可能な特異点である．なぜなら，$\lim_{z \to 0} \dfrac{\sin z}{z} = 1$ だからである．

例 6.7 $\dfrac{z}{e^z - 1}$ は，$0 < |z| < \infty$ で正則で $z = 0$ は除去可能な特異点である．なぜなら，

$$\lim_{z \to 0} \frac{z}{e^z - 1} = 1$$

であるからである．

例 6.8 多項式 $P(z), Q(z)$ が，それぞれ $P(z) = (z-c)^k P_1(z), Q(z) = (z-c)^k Q_1(z)$ と書かれ，$Q_1(c) \neq 0$ であると仮定する．そのとき，有理関数 $f(z) = P(z)/Q(z)$ は，十分小さい $r > 0$ を選べば，$0 < |z - c| < r$ で正則となる．$z = c$ においては，$f(z)$ は定義されてないから，$z = c$ は孤立特異点ではあるけれども，仮定 $Q_1(c) \neq 0$ により，

$$\lim_{z \to c} f(z) = \lim_{z \to c} \frac{P_1(z)}{Q_1(z)} \neq \infty$$

であるから，$f(c) = \lim_{z \to c}(P_1(z)/Q_1(z))$ とおけば，$f(z)$ は $|z - c| < r$ で正則となる．すなわち，$z = c$ は除去可能な特異点である．

除去可能な特異点では，関数値を適当に定義し直すことにより，その点の近傍で正則にすることができる．したがって，除去可能な特異点は特異点であるとは考えないことにする．

B. 極と有理型関数

複素関数 $f(z)$ が $0 < |z - c| < R$ で正則で，$z = c$ で k 位の極をもつとすれ

ば，$0 < |z-c| < R$ で，

$$f(z) = \sum_{n=1}^{k} \frac{c_{-n}}{(z-c)^n} + \sum_{n=0}^{\infty} c_n (z-c)^n \quad (c_{-k} \neq 0) \tag{6.9}$$

とローラン展開される．(6.9) を通分して，

$$f(z) = \frac{F(z)}{(z-c)^k} \tag{6.10}$$

と書く．ここで，

$$F(z) = \sum_{n=0}^{\infty} c_{-k+n}(z-c)^n = c_{-k} + c_{-k+1}(z-c) + \cdots$$

は $|z-c| < R$ で正則で，$F(c) = c_{-k} \neq 0$ である．逆に，複素関数 $f(z)$ が，$F(c) \neq 0$ を満たし，$|z-c| < R$ で正則な関数 $F(z)$ を用いて，(6.10) の形に書かれるならば，$f(z)$ は $z = c$ で k 位の極をもつことがわかる．

【定理 6.3】 $0 < |z-c| < R$ で正則な関数 $f(z)$ が，$z = c$ で k 位の極をもつ必要十分な条件は，$g(z) = 1/f(z)$ が $z = c$ で k 位の零点をもつことである．

証明 $f(z)$ が $z = c$ で k 位の極をもてば，$f(z)$ は $|z-c| < R$ で正則な関数 $F(z)$ を用いて，(6.10) と表される．ただし，$F(c) \neq 0$ である．ここで，$G(z) = 1/F(z)$ は $z = c$ の近傍で正則で $G(c) \neq 0$ であるから，$g(z) = 1/f(z) = (z-c)^k G(z)$ は $z = c$ で k 位の零点をもつ．逆に，$g(z)$ が k 位の零点をもてば，$G(c) \neq 0$ となる正則関数 $G(z)$ を用いて $g(z) = (z-c)^k G(z)$ と表され，$F(z) = 1/G(z)$ は $z = c$ のある近傍で正則で $F(c) \neq 0$ を満たす．よって，$f(z) = 1/g(z) = F(z)/(z-c)^k$ は $z = c$ で k 位の極をもつことがわかる．これで定理の証明が終わった． ∎

この定理の系として以下の事実が示される．

【系 6.1】 $z = c$ が $f(z)$ の極であるための必要十分条件は，$z \to c$ とするとき，$|f(z)| \to \infty$ となることである．

証明 $z = c$ が関数 $f(z)$ の極であれば，(6.10) の形に表されるから，$z \to c$ のとき $|f(z)| \to \infty$ であることは明らかである．逆に，$z \to c$ で $|f(z)| \to \infty$

なら，適当な $R > 0$ を選べば，$0 < |z - c| < R$ で $f(z) \neq 0$ となるから，$g(z) = 1/f(z)$ とおくと，$g(z)$ は $0 < |z - c| < R$ で正則であり，$z \to c$ とすると，$g(z) \to 0$ である．よって，$z = c$ は $g(z)$ の除去可能な特異点で $g(c) = 0$ としてよい．すなわち，$z = c$ は $g(z)$ の零点である．したがって，定理 6.3 より，$f(z) = 1/g(z)$ は $z = c$ で極をもつ． ∎

D を領域として，複素関数 $f(z)$ が極を除いて D で正則であるとき，$f(z)$ は領域 D で**有理型**(meromorphic) であるといわれる．

複素平面全体で有理型である関数を，単に**有理型関数**という．

> **問題 6.2** 領域 D で有理型で，ある関数 $f(z)$ の極は孤立点である．したがって，極が集積点をもてば，それは必ず境界点となる．このことを示せ．

【定理 6.4】 領域 D で有理型の関数同士の和，差，積，商を作ると，それらはすべて，D で有理型となる．ただし，商を作る場合，分母にくる関数は恒等的には 0 ではないものとする．

> **問題 6.3** 定理 6.4 を証明せよ．

C. 真性特異点*

複素関数 $f(z)$ が領域 $0 < |z - c| < R$ で有理型であるが，$|z - c| < R$ では有理型にならないとき，$z = c$ は $f(z)$ の**真性特異点**であるという．本節の最初にすでに真性特異点の定義を述べたのに，ここで真性特異点を再定義したことに読者は奇異の念を抱かれるかもしれない．本節の最初で述べた真性特異点は孤立真性特異点のことであり，真性特異点には孤立していないものがあるので，ここで述べた定義が必要となったのである．孤立真性特異点では適当な $R > 0$ をとれば $f(z)$ は $0 < |z - c| < R$ で正則となるから $z = c$ を中心とするローラン展開が可能となる．

いま $z = c$ が $f(z)$ の真性特異点であるとする．そのとき $\alpha\delta - \beta\gamma \neq 0$ を満たす任意の複素数 $\alpha, \beta, \gamma, \delta$ について，$g(z) = (\alpha f(z) + \beta)/(\gamma f(z) + \delta)$ を考えると，$z = c$ は $g(z)$ の真性特異点にもなる．なぜなら，もし $g(z)$ が $z = c$ の近傍で有理型なら，定理 6.4 より $f(z) = (-\delta g(z) + \beta)/(\gamma g(z) + \alpha)$ も $z = c$

の近傍で有理型であることになり，仮定に矛盾するからである．

例 6.9 例 6.5 より $z=0$ は関数 $f(z)=e^{1/z}$ の真性特異点である．したがって，先に述べたように，$g(z) = \dfrac{1}{f(z)-1} = \dfrac{1}{e^{1/z}-1}$ は $z=0$ を真性特異点としてもつ．この場合，$z = 1/(2n\pi i)$ ($n = \pm 1, \pm 2, \ldots$) は $g(z)$ の 1 位の極であり，$z=0$ はこれらの極の集積点として得られ，孤立した特異点とはいえない．

問題 6.4 極の集積点は真性特異点であることを示せ．

定理 6.3 の系 6.1 によれば，$z=c$ が関数 $f(z)$ の極であるための必要十分条件は，$z \to c$ のとき $|f(z)| \to \infty$ となることであった．真性特異点の近傍では $f(z)$ は以下に述べるように，興味ある振る舞いを示す．

【定理 6.5】（ワイエルシュトラスの定理）　$z=c$ が $f(z)$ の真性特異点なら任意の複素数 γ に対して，$n \to \infty$ で c へ収束する点列 $\{z_n\}$ であって，$f(z_n) \to \gamma$ ($n \to \infty$) となるものが存在する．

証明　もし，ある複素数 γ に対して，定理の主張を満たす点列が存在しないと仮定すると，ある $\epsilon > 0$ に対して，十分小さい $\delta > 0$ を選べば，$0 < |z-c| < \delta$ のとき $|f(z) - \gamma| \geq \epsilon$ となる．いま $g(z) = \dfrac{1}{f(z) - \gamma}$ を考えると，仮定より $g(z)$ は $z = c$ で真性特異点をもつが，一方で，$0 < |z-c| < \delta$ で $|g(z)| \leq 1/\epsilon$ となっているから，リーマンの定理 (定理 6.2) により，$z=c$ は除去可能な特異点である．これは矛盾である． ■

注意　このワイエルシュトラスの定理よりもっと一般的な，ピカール (Picard) による以下の定理が知られている．『$f(z)$ の真性特異点の任意の近傍 (その特異点を含む開集合のこと) で，$f(z)$ は (仮想的な値としての ∞ を含めて) 高々 2 つの例外値を除いて任意の値をとることができる．もしその真性特異点が孤立していれば，近傍からその特異点を除いた開集合で，$f(z)$ は正則になり，仮想的な値 ∞ をとらないから (もし値 ∞ をとったとすれば，その点で $f(z)$ は極をもつことになり $f(z)$ の正則性に反する)，除外値として ∞ が除かれ，特異点の近傍での除外値は高々 1 つだけになる．』

問題 6.5 形式的に $\gamma = \infty$ としても，定理 6.5 が成り立つことを示せ．

例 6.10 $f(z) = e^{1/z}$ について考えると，例 6.9 より $z = 0$ は真性特異点である．

(1) $z_n = -1/n$ とおくと，$z_n \to 0$, $f(z_n) = e^{-n} \to 0$ $(n \to \infty)$ である．
(2) $z_n = 1/n$ とおくと，$z_n \to \infty$, $f(z_n) = e^n \to \infty$ $(n \to \infty)$ である．
(3) $\gamma = \rho e^{i\theta}$ のとき，
$$z_n = \frac{1}{\log \rho + i(\theta + 2n\pi)}$$
とおくと，$z_n \to 0$ $(n \to \infty)$, $f(z_n) = \rho e^{i\theta} = \gamma$ である．

6.3 無限遠点

この節では，複素平面 $\mathbb{C}$ に仮想的な点 $z = \infty$ を付け加えた集合 $\bar{\mathbb{C}} = \mathbb{C} \cup \{\infty\}$ を定義し，$\bar{\mathbb{C}}$ 上の関数についての考察を行う．$\bar{\mathbb{C}}$ を**拡張された複素平面**と呼ぶ．まず，$z \to \infty$ であるとは，$|z| \to \infty$ のことであると定義しておく．簡単な例から始めよう．$f(z) = 1/z$ は $|z| > 0$ で正則な関数であり，$|z| \to \infty$ とすれば，$f(z) \to 0$ であるから，$f(\infty) = 0$ であって，$z = \infty$ は $f(z) = 0$ の零点であると考えればよいであろう．そのことをもうすこしはっきりした形でみるには，$|z| > 0$ において座標変換を行い，$\zeta = 1/z$ とおく．そのとき，$z \to \infty$ ならば，$\zeta \to 0$ であるから，$z = \infty$ を $\zeta = 0$ で表そうというのである．ここで重要なのは，z は $\bar{\mathbb{C}}$ の点そのものではなく，点を表す座標の一つと考えることであって，$z = \infty$ またはその近傍における $\bar{\mathbb{C}}$ の点を表すのに，z そのものではなく，$\zeta = 1/z$ を選ぼうというのである．この座標で $f(z)$ を書き直せば，$f(z) = f(1/\zeta) = \zeta$ であるから，$f(z)$ が $z = \infty$ すなわち $\zeta = 0$ で零点をもつと考えることは自然である．

以下で，$\bar{\mathbb{C}}$ を数学的に定義しよう．議論がすこし抽象的になるがご容赦いただきたい．まず，複素平面に仮想的な点 ∞ (**無限遠点**) を付け加えて，$\bar{\mathbb{C}} = \mathbb{C} \cup \{\infty\}$ とする．このような集合 $\bar{\mathbb{C}}$ に開集合 (または閉集合) の概念を導入しよう．U が $\bar{\mathbb{C}}$ の**開集合**であるとは，U が $\mathbb{C}$ の開集合であるか，または U が $\mathbb{C}$ からコンパクト集合 K を除いた集合 (有界でない開集合といってもよい) に一点 ∞ を

付け加えた形の集合であるときをいう．したがって，$\{z||z|>R\}\cup\{\infty\}$ 等が $\bar{\mathbb{C}}$ の $z=\infty$ を含む開集合となる．このような開集合の概念の導入により，$\bar{\mathbb{C}}$ 自身がコンパクトとなることが示される．開集合概念が定義されれば，その上で定義された連続関数の概念を定義することができる．さらに進んで，$\bar{\mathbb{C}}$ 上の関数の微分可能性について考えるために，以下のように $\bar{\mathbb{C}}$ に座標を導入する：(i) まず一つは $\mathbb{C}$ の点に対する座標系で，その点を表す複素数 z 自身を座標とする．(ii) 次に原点以外の $\bar{\mathbb{C}}$ の点についての座標系 ζ を，$z\neq\infty$ ならば $\zeta=1/z$，$z=\infty$ ならば $\zeta=0$ とする．このような二つの座標系を導入することにより，$\bar{\mathbb{C}}$ の点のすべてを，いずれかの（有限な）座標で表すことができる．ただし，一つの座標系ですべての点を表すことはできない．また原点と無限遠点以外の点は，二つの座標をもち，その座標は，逆数をとることにより，互いに移りあう．以上の準備のもとで，$\bar{\mathbb{C}}$ の点における，関数 $f(z)$ の微分可能性を調べることができる．まず，考えている点が $\mathbb{C}$ の点なら，いままで通り複素関数 f を座標 z の関数と考えて，その微分可能性を論じればよい．次に，考えている点が無限遠点 ∞ なら，$\zeta=1/z$ を座標にとれば，∞ は $\zeta=0$ で表されるから，$\tilde{f}(\zeta)=f(1/z)$ の $\zeta=0$ における微分可能性を論じればよい．実際に，無限遠点 ∞ の近傍での，複素関数 $f(z)$ の振舞いについて述べよう．いま，$f(z)$ は十分大きな R に対して，z 平面の領域 $D_z=\{z||z|>R\}$ で正則であると仮定する．そのとき，$\tilde{f}(\zeta)=f(1/\zeta)$ は $0<|\zeta|<1/R$ で正則となり，$\tilde{f}(\zeta)=f(1/\zeta)$ は，$\zeta=0$ において正則であるか，または孤立特異点をもつ．よって，以下の3通りのうちどれか一つが成り立つ．

(1) $\zeta=0$ の近傍で正則．

(2) $\zeta=0$ で (k 位) の極をもつ．

(3) $\zeta=0$ で（孤立）真性特異点をもつ．

そこで，(1)，(2)，(3) のそれぞれの場合に応じて，**無限遠点 $z=\infty$ において**，関数 $f(z)$ が

(1) **正則**　(2) **(k 位) の極をもつ**　(3) **真性特異点をもつ**

と呼ぶことにする．いずれの場合も，$r>R$ となる r に対して，$0<|\zeta|<1/r$ において，$f(z)=f(1/\zeta)$ はローラン展開されて，

$$f\left(\frac{1}{\zeta}\right) = \sum_{n=1}^{\infty} \frac{c_{-n}}{\zeta^n} + \sum_{n=0}^{\infty} c_n \zeta^n$$

を得る．これを書き直せば，$|z| > r$ において，

$$f(z) = \sum_{n=1}^{\infty} c_{-n} z^n + \sum_{n=0}^{\infty} \frac{c_n}{z^n}$$

となる．これを $z = \infty$ におけるローラン展開という．特に，$\sum_{n=1}^{\infty} c_{-n} z^n$ を $z = \infty$ におけるローラン展開の主要部と呼ぶ．$c_{-1} = c_{-2} = \cdots = c_{-k+1} = 0$ で $c_{-k} \neq 0$ の場合には，$f(z)$ は $z = \infty$ で k 位の極をもつという．$c_{-n} \neq 0$ となる正整数 n が無限個ある場合には，$z = \infty$ は $f(z)$ の真性特異点となる．$f(z)$ が $z = \infty$ において正則な場合には，主要部が 0 となり，

$$f(z) = \sum_{n=0}^{\infty} \frac{c_n}{z^n}$$

が得られるが，これが $z = \infty$ におけるテイラー展開である．また，そのとき，c_0 を $z = \infty$ における $f(z)$ の値と呼び，$f(\infty) = c_0$ と書く．$c_0 = c_1 = \cdots = c_{k-1} = 0$ で $c_k \neq 0$ のときは，$f(z)$ は $z = \infty$ において k 位の零点をもつという．

例 6.11 n 次の多項式 $f(z) = \alpha_n z^n + \cdots + \alpha_0 \; (\alpha \neq 0)$ は，そのまま $z = \infty$ でのローラン展開であるとみなすことできて，$z = \infty$ で n 位の極をもつ．$e^z, \sin x, \cos z$ などのマクローリン展開は，そのまま $z = \infty$ でのローラン展開であるとみなすことができる．したがって，これらの関数は $z = \infty$ で真性特異点をもつ．もっと一般に，収束半径が無限大であるマクローリン級数 $\sum_{n=0}^{\infty} \alpha_n z^n$ は，そのまま無限遠点でのローラン展開とみなすことができる．

例 6.12 複素関数 $f(z) = \dfrac{z^3}{z-1}$ を考える．$|z| > 1$ なら

$$f(z) = \frac{z^2}{(1 - 1/z)} = z^2(1 + z^{-1} + z^{-2} + \cdots)$$

であるから，$f(z)$ の $z = \infty$ におけるローラン展開の主要部は，$z^2 + z$ であり，$z = \infty$ は 2 位の極である．

以上の準備のもとで，$\overline{\mathbb{C}}$ におけるリウヴィルの定理（第5章，定理5.5 参照）を証明することができる．

【定理6.6】 拡張された複素平面 $\overline{\mathbb{C}}$ 全体で正則な関数は定数に限る．

証明 $z = \infty$ でも正則であるから，R を十分大きくとれば，$f(z)$ は $|z| > R$ で正則である．言い換えれば，$f(1/\zeta)$ は $|\zeta| < 1/R$ で（ζ に関して）正則であり，したがって，$r > R$ にとれば $f(1/\zeta)$ は $|\zeta| \leq 1/r$ で有界である．すなわち，$f(z)$ は $|z| \geq r$ で有界である．もちろん正則性より，$f(z)$ は $|z| \leq r$ でも有界で，結局全平面で有界となる．したがって，リウヴィルの定理 (定理5.5) により $f(z)$ は定数関数となる． ∎

この定理をもうすこし一般化して以下の定理が得られる．

【定理6.7】* 拡張された複素平面 $\overline{\mathbb{C}}$ で有理型である関数は有理関数に限る．ここで，有理型関数とは極以外に特異点をもたない関数のことである．

証明 まず R を十分大きくとると，$R < |z| < \infty$ では $f(z)$ が極をもたないようにできる（$z = \infty$ においては，$f(z)$ は正則であるか，または極をもつと仮定している）．それを確かめるには，$f(z)$ が $z = \infty$ で正則である場合には，$f(1/\zeta)$ は適当に r を選べば，$|\zeta| < 1/r$ で正則となることに，また $z = \infty$ が $f(z)$ の極の場合には，極は孤立点であることに，それぞれ注意すればよい．次に有界閉集合 $|z| \leq R$ に含まれる $f(z)$ の極は有限個であることに注意する．なぜなら，極の集合は孤立集合であり，もし無限個の極があるとすれば，有界閉集合内に集積点をもち，その集積点は真性特異点 (問題6.4 の結果) となって，関数 $f(z)$ は，$\overline{\mathbb{C}}$ で有理型であるという仮定に矛盾するからである．$|z| \leq R$ にある $f(z)$ の有限個の極を，$c_1, \ldots, c_m$ とし，そこにおけるローラン展開の主要部を，それぞれ $P_1(z), \ldots, P_m(z)$ とおく．$z = \infty$ では $f(z)$ は正則になるか，または，極をもつかどちらかであるから，$z = \infty$ における $f(z)$ のローラン展開の主要部 (z の多項式) を $P_\infty(z)$ とおく．$f(z)$ が $z = \infty$ で正則なら $P_\infty(z) = 0$ である．いま

とおくと，$g(z)$ は $\bar{\mathbb{C}}$ で有理型で，極をもたない．すなわち，$\bar{\mathbb{C}}$ で正則な関数となる．したがって，$\bar{\mathbb{C}}$ におけるリウヴィルの定理(定理6.6)により，$g(z)$ は $\bar{\mathbb{C}}$ で定数 w_0 に等しくなる．よって，

$$f(z) = w_0 + \sum_{i=1}^{m} P_i(z) + P_\infty(z)$$

となり，$f(z)$ は有理関数であることが示された． ∎

練習問題

6.1 $\dfrac{1-\cos z}{z^3}$ の $z=0$ を中心とするローラン展開を求めよ．

6.2 $f(z) = \tan z$ を，$z = \pi/2$ を中心としてローラン展開したとき，その主要部は $-1/(z-\pi/2)$ であることを示せ．

6.3 $f(z) = \exp(z/(z-1))$ の $z=1$ を中心とするローラン展開を求めよ．

6.4 例6.3 の関数 $f(z)$ の，$z=2$ を中心とするローラン展開を求めよ．

6.5 $\dfrac{1}{(z-2)^2}$ を (1) $|z| < 2$ (2) $|z| > 2$ においてローラン展開せよ．

6.6 次の各領域における $f(z) = \dfrac{z}{(z-1)(z-2)}$ のローラン展開を求めよ．
 (1) $|z| < 1$ (2) $1 < |z| < 2$ (3) $|z| > 2$ (4) $|z-1| > 1$
 (5) $0 < |z-2| < 1$

6.7 例6.6 の結果によれば，関数 $f(z) = z/(e^z - 1)$ を $z=0$ のまわりでテイラー展開して，

$$f(z) = \sum_{n=0}^{\infty} \frac{B_n}{n!} z^n$$

とおくことができる．そのとき，$B_0 = 1$, $B_1 = -1/2$, $B_{2n+1} = 0$ $(n \geq 1)$ であることを示せ．(B_n は**ベルヌーイ** (Bernoulli) **数**と呼ばれる．$B_2 = 1/6, B_4 = -1/30, B_6 = 1/42, \ldots$ である．)

6.8 (1) $\cot z = \cos z / \sin z$ の $z = 0$ におけるローラン展開を，ベルヌーイ数を用いて表せ．そのときの収束域はどうなるか．
 (2) 次に，(1) の結果を用いて，$\tan z$ のマクローリン展開を求めよ．また，収束域はどのようになるか．

6.9 以下の関数は有理型関数であることを示し，すべての極について，極を中心とするローラン展開の主要部を求めよ．

(1) $\dfrac{z^3 + z^2 + z}{(z-1)^3}$ (2) $\dfrac{e^{2z}\sin z}{z(z+\pi)^2}$ (3) $\dfrac{z+1}{z^3(z^2+1)}$

6.10 以下の関数の特異点を求め，その種類を述べよ．

(1) $\dfrac{\sin z - z}{z^3}$ (2) $\dfrac{1}{(2\sin z - 1)^2}$ (3) $\cos(z + z^{-1})$ (4) $\dfrac{z-1}{e^{1/z} - e}$

6.11 次の複素関数の $z = \infty$ でのローラン展開の主要部を求め，ローラン展開の収束域および特異点の種類を述べよ．

(1) $\dfrac{z^4}{(z-2)^2}$ (2) $z^3 \sin \dfrac{1}{z}$ (3) $\dfrac{\cos z}{z^4}$

7 留　　数

7.1 留　　数

複素関数 $f(z)$ は，適当な $R>0$ に対して $0<|z-c|<R$ で正則とし，その $z=c$ を中心とするローラン展開を

$$\sum_{n=-\infty}^{\infty} c_n(z-c)^n = \sum_{n=1}^{\infty} \frac{c_{-n}}{(z-c)^n} + \sum_{n=0}^{\infty} c_n(z-c)^n$$

とおく．そのとき，c_{-1} を $z=c$ における $f(z)$ の **留数** と呼び，これを $\mathrm{Res}(c,f)$，または単に $\mathrm{Res}(c)$ で表す．

例 7.1 第6章，例6.1 より $f(z) = \dfrac{\sin z}{z^3}$ は $z=0$ で2位の極をもち，$z=0$ における留数は 0 である．

第6章，例6.2 より，$f(z) = \dfrac{e^{2z}}{(z-1)^3}$ は $z=1$ で3位の極をもち，$z=1$ における留数は $2e^2$ である．

正数 r を $r<R$ であるように選び，$S_r = \{z \mid |z-c|=r\}$ とおけば，S_r でローラン級数が絶対一様収束するから，第4章の定理 4.4 と (4.27)，(4.28) によって

$$\int_{S_r} f(z)\,dz = 2\pi i\,\mathrm{Res}(c, f(z)) \tag{7.1}$$

であることがわかる．ただし，右辺の積分は，円周に沿って正の向きにとる．

いま，$z=c$ が $f(z)$ の高々 k 位の極であると仮定すれば，$(z-c)^k f(z)$ は $|z-c|<R$ で正則となり，c_{-1} は $(z-c)^k f(z)$ のテイラー展開

7. 留　数

$$(z-c)^k f(z) = \sum_{n=-k}^{\infty} c_n (z-c)^{n+k} = \sum_{n=0}^{\infty} c_{n-k}(z-c)^n$$

における $(z-c)^{k-1}$ の係数となる．したがって，c_{-1} を

$$\mathrm{Res}(c,f) = \frac{1}{(k-1)!} \lim_{z \to c} \frac{d^{k-1}}{dz^{k-1}} \left((z-c)^k f(z) \right) \tag{7.2}$$

によって求めることができる．特に，c が $f(z)$ の1位の極なら

$$\mathrm{Res}(c,f) = \lim_{z \to c} (z-c) f(z)$$

である．

$f(z)$ が $z=c$ で正則で $f(c) \neq 0$ であり，$g(z)$ が $z=c$ で k 位の零点をもてば，第6章の定理6.3より $F(z) = f(z)/g(z)$ は $z=c$ で k 位の極をもつ．よって，(7.2) により $\mathrm{Res}(c,F)$ を計算できる．特に，$k=1$ の場合は

$$\mathrm{Res}\left(c, \frac{f}{g}\right) = \lim_{z \to c}(z-c)\frac{f(z)}{g(z)} = \lim_{z \to c}(z-c)\frac{f(z)}{g(z)-g(c)} = \frac{f(c)}{g'(c)}$$

である．

例 7.2 $f(z) = 1/\sin z$ を考える．$\sin z$ は $z=0$ で1位の零点をもつから，$f(z)$ は $z=0$ で1位の極をもち，

$$\mathrm{Res}\left(0, \frac{1}{\sin z}\right) = \lim_{z \to 0} \frac{z}{\sin z} = 1$$

である．

例 7.3 $f(z) = 1/(z^2+4z+5)^2$ の特異点は $z = -2 \pm i$ であり，それらは2位の極である．（練習7.10 参照．）そのうち上半平面 ($y>0$ の部分) にあるものは $\alpha = -2+i$ である．$f(z) = \dfrac{1}{(z-\alpha)^2(z-\bar{\alpha})^2}$ であるから，(7.2) を用いて，

$$\mathrm{Res}(\alpha, f) = \lim_{z \to \alpha} \frac{d}{dz}(z-\alpha)^2 f(z) = \lim_{z \to \alpha} \frac{d}{dz}\left(\frac{1}{(z-\bar{\alpha})^2}\right)$$
$$= \lim_{z \to \alpha} \frac{-2}{(z-\bar{\alpha})^3} = \frac{1}{4i}$$

を得る.

【定理 7.1】(留数定理)　D を単一閉曲線 C で囲まれた領域とし,複素関数 $f(z)$ は,$\bar{D} = D \cup C$ を含むある領域から D の内部にある有限個の点 $c_1, \ldots, c_m$ を除いた領域で正則とする.そのとき,

$$\int_C f(z)\, dz = 2\pi i \sum_{i=1}^m \mathrm{Res}(c_i, f) \tag{7.3}$$

である.ここで,積分は D に関して正の向きに C を一周するものとする.

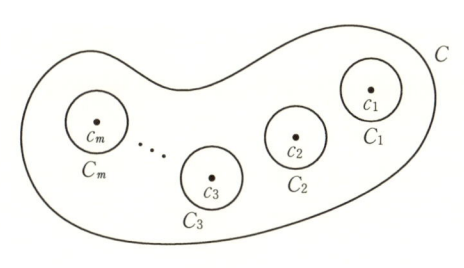

図 7.1

証明　各 c_i $(i = 1, \ldots, m)$ を中心として十分小さい半径の円 C_i を描いて,各 C_i はすべて曲線 C の内部にあり,かつ C_i のうちどの二つも共有点をもたないようにする (図 7.1 参照).そのとき,第 4 章の定理 4.8 および (7.1) により,

$$\int_C f(z)\, dz = \sum_{i=1}^m \int_{C_i} f(z)\, dz = 2\pi i \sum_{i=1}^m \mathrm{Res}(c_i, f(z))$$

を得る.ここで,曲線の向きはすべて正の向きにとるものする.これで証明が終わった.∎

次に,**無限遠点における留数**を定義しよう.複素関数 $f(z)$ が円環領域 $R < |z| < \infty$ で正則ならば,$z = \infty$ を中心とするローラン展開

$$f(z) = \sum_{n=1}^\infty c_{-n} z^n + \sum_{n=0}^\infty \frac{c_n}{z^n}$$

において，$-c_1$ を $z = \infty$ における $f(z)$ の留数と呼び，$\operatorname{Res}(\infty, f)$ または $\operatorname{Res}(\infty)$ で表す．このように $z = \infty$ における留数を定義すると，$z = \infty$ の近傍で $f(z)$ が正則であっても $\operatorname{Res}(\infty)$ が 0 になるとは限らないことに注意しよう．無限遠点を原点に移す変数変換 (座標変換)$z = 1/\zeta$ を考えれば，複素微分形式 $c_1(1/z)dz$ が $c_1 \zeta d(1/\zeta) = -c_1(1/\zeta)d\zeta$ に変換される．この事実により，無限遠点での留数の定義の妥当性が理解されるであろう．

$r > R$ となる $r > 0$ を選び，円周 $|z| = r$ に沿って正の向き積分すれば明らかに，

$$\int_{|z|=r} f(z)\, dz = -2\pi i \operatorname{Res}(\infty, f) \tag{7.4}$$

が成り立つ．

【定理 7.2】 有理関数 $f(z)$ のすべての留数の和は 0 である．

証明 まず，$z = \infty$ 以外の $f(z)$ の極を $c_1, \ldots, c_m$ とし，R を十分大きくとって，これらすべての極が円の内部 $|z| < R$ に含まれるようにする．そのとき $r > R$ ならば，

$$\sum_{i=1}^{m} \operatorname{Res}(c_i, f) = \frac{1}{2\pi i} \int_{|z|=r} f(z)\, dz$$

である．この式と (7.4) を比べることにより，

$$\mathrm{Res}(\infty, f) + \sum_{i=1}^{m} \mathrm{Res}(c_i, f) = 0$$

を得る.　　　　　　　　　　　　　　　　　　　　　　　　　　　　　　■

例 7.4　$f(z) = \dfrac{2z^3}{(z+1)^2(z^2+1)}$ について考える.

$$f(z) = \frac{2z^3}{z^4(1+2/z+1/z^2)(1+1/z^2)} = \frac{2}{z}\frac{1}{(1+2/z+2/z^2+2/z^3+1/z^4)}$$

であるから, $|z|>1$ のとき, $f(z)z = 0$ におけるローラン展開は

$$f(z) = \frac{2}{z}\left(1 - (\frac{2}{z}+\frac{2}{z^2}+\cdots) + (\frac{2}{z}+\frac{2}{z^2}+\cdots)^2 + \cdots\right)$$
$$= \frac{2}{z}(1 - \frac{2}{z}+\frac{2}{z^2}+\cdots) = \frac{2}{z} - \frac{4}{z^2} + \frac{4}{z^3} + \cdots$$

となり, $\mathrm{Res}(\infty, f(z)) = -2$ であることがわかる. $f(z)$ の極は -1 (2 位の極) および $\pm i$ (1 位の極) であり, 留数は $\mathrm{Res}(-1, f) = 2$, $\mathrm{Res}(\pm i, f) = \pm \dfrac{i}{2}$ である. よって, $z = \infty$ まで含めた留数の総和は 0 となっている. $r > 1$ にとり, $S_r = \{z \mid |z| = r\}$ 上で $f(z)$ を積分すれば, S_r の内部にある $f(z)$ の極は $-1, \pm i$ だから,

$$\int_{S_r} f(z)\,dz = 2\pi i(\mathrm{Res}(-1, f) + \mathrm{Res}(i, f) + \mathrm{Res}(-i, f)) = 4\pi i$$

である. 一方, $|z|>1$ では $f(z)$ は正則であるから, (7.4) により, この積分値は $-2\pi i\,\mathrm{Res}(\infty, f) = 4\pi i$ となって, 先に計算したものと一致する.

　もうすこし一般的に, n 次多項式 $P(z) = \alpha_n z^n + \cdots$ と m 次多項式 $Q(z) = \beta_m z^m + \cdots$ を用いて, $F(z) = P(z)/Q(z)$ と表される場合を考える. 上記の例の計算と同様な計算を行えば, $m - n = 1$ なら, $\mathrm{Res}(\infty, F) = -\dfrac{\alpha_n}{\beta_m}$ であることがわかる. さらに $m - n \geq 2$ なら, $\mathrm{Res}(\infty, F) = 0$ であることもわかる. しかし, $m - n < 1$ の場合に, $\mathrm{Res}(\infty, F)$ を求めるには, 少々面倒な計算が必要となる. たとえば, 例 7.4 で $g(z) = zf(z) = \dfrac{2z^4}{(z+1)^2(z^2+1)}$ とおいてみると, 先の計算から $g(z) = 2 - \dfrac{4}{z} + \dfrac{4}{z^2} + \cdots$ であるので, $\mathrm{Res}(\infty, g) = 4$ で

あることがわかる．同様に，$h(z) = z^2 f(z)$ とおくと，$\mathrm{Res}(\infty, h) = -4$ であることもわかる．しかし，これらの計算は $f(z)$ の $z = \infty$ における留数を求める計算に比べると，少々煩雑になる．

問題 7.1 $P(z) = \alpha_n z^n + \cdots$, $Q(z) = \beta_m z^m + \cdots$ に対して，$F(z) = P(z)/Q(z)$ とおくとき，$m-n = 1$ なら $\mathrm{Res}(\infty, F) = -\dfrac{\alpha_n}{\beta_m}$ であり，$m-n \geq 2$ なら $\mathrm{Res}(\infty, F) = 0$ であることを示せ．

7.2 定積分の計算について

本節では留数定理 (定理 7.1) を使った積分の代表的な計算例を，いくつか挙げる．

(a) $Q(s,t)$ を (s,t) の有理関数として，

$$I = \int_0^{2\pi} Q(\cos\theta, \sin\theta)\, d\theta$$

を考える．$z = e^{i\theta}$ とおくと，$\cos\theta = (z+z^{-1})/2$, $\sin\theta = (z-z^{-1})/2i$ であり，また $dz = ie^{i\theta} d\theta$ より $d\theta = dz/(iz)$ であるから，

$$I = \frac{1}{i} \int_{|z|=1} Q\left(\frac{1}{2}\left(z + \frac{1}{z}\right), \frac{1}{2i}\left(z - \frac{1}{z}\right)\right) \frac{dz}{z}$$

となる．

例 7.5 $I = \displaystyle\int_0^{2\pi} \frac{1}{a + b\cos\theta}\, d\theta \quad (0 < b < a).$

上記の変換により，

$$I = \frac{2}{i} \int_{|z|=1} \frac{dz}{bz^2 + 2az + b}$$

となる．ここで，複素関数 $f(z) = 1/(bz^2 + 2az + b)$ の極のうちで単位円の内部にあるものは，$\alpha = \dfrac{-a + \sqrt{a^2 - b^2}}{b}$ (1 位の極) であり，その留数

は $\mathrm{Res}(\alpha, f) = \lim_{z \to \alpha}(z-\alpha)f(z) = \dfrac{1}{2\sqrt{a^2-b^2}}$ である．したがって，$I = 4\pi\,\mathrm{Res}(\alpha, f) = \dfrac{2\pi}{\sqrt{a^2-b^2}}$ を得る．

(b) $Q(z) = f(z)/g(z)$ は実軸上に極をもたない有理関数で，分子の多項式 $f(z)$ の次数を m，分母の多項式 $g(z)$ の次数を n として，$n-m \geq 2$ であると仮定する．そのとき，

$$I = \int_{-\infty}^{\infty} Q(x)\,dx \tag{7.5}$$

を考える．$I_R = [-R, R]$，$C_R^+ = \{z = Re^{i\theta}|\ 0 \leq \theta \leq \pi\}$ として，閉曲線 $\Gamma_R = I_R \cup C_R^+$ に沿って正の向きに $Q(z)$ を積分して $R \to \infty$ とすると，$Q(z)$ の上半平面にある極はすべて Γ_R の内部に含まれる (図 7.2 参照)．

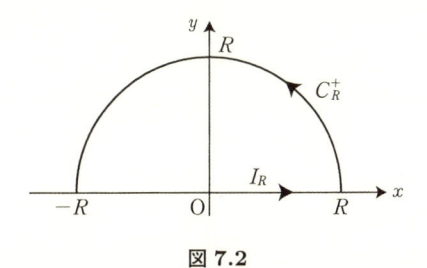

図 7.2

仮定より，C_R^+ に沿っての積分は 0 に近づくことが示される．実際，適当な定数 M を選べば，$Q(z)$ の分母・分子の次数に関する仮定から，十分大きな R に対して C_R^+ 上で $|Q(z)| \leq M/R^2$ と評価されることに注意すると，

$$\int_{C_R^+} |Q(z)||dz| \leq \int_{C_R^+} \frac{M}{R^2}|dz| \leq \frac{\pi M}{R} \to 0\ (R \to \infty)$$

となるからである．したがって，

$$I = 2\pi i \sum_{\mathrm{Im}\,\alpha_k > 0} \mathrm{Res}(\alpha_k, Q(z)) \tag{7.6}$$

を得る．

注意 積分 (7.5) はいわゆる**広義積分**である．これを定義するには極限

$$\lim_{A,B\to\infty}\int_{-A}^{B}Q(x)\,dx \tag{7.7}$$

を考え，この極限が A, B を独立に限りなく大きくするとき，その仕方にかかわらず一定の極限をもつ場合に，積分 (7.5) の値とするのである．したがって，たとえば $A \to \infty$ とした後で $B \to \infty$ としてもよいし，また $B \to \infty$ とした後で $A \to \infty$ としても同じ極限をもつことが要請される．よって，少なくとも

$$\lim_{A\to\infty}\int_{-A}^{B}Q(x)\,dx, \qquad \lim_{B\to\infty}\int_{-A}^{B}Q(x)\,dx$$

がともに存在することが必要である．それに対して，上に述べた積分路では一般の極限 (7.7) ではなく

$$\lim_{R\to\infty}\int_{-R}^{R}Q(x)dx \tag{7.8}$$

を計算しているにすぎない．(7.8) の積分を**広義積分のコーシー主値**と呼び，

$$\mathrm{P.V.}\int_{-\infty}^{\infty}Q(x)\,dx$$

と書くことがある．P.V. は **principal value** の略である．いまの場合は，$x^2 Q(x)$ が $x \to \pm\infty$ で有界であるから，広義積分が存在する．したがって，積分値を計算するには，主値を計算すれば十分である．このように広義積分が存在する場合には，それを主値積分で計算してもよいが，逆に主値積分が存在しても広義積分が存在するとは限らない．

問題 7.2 (7.6) は

$$I = -2\pi i \sum_{\mathrm{Im}\,\alpha_k < 0} \mathrm{Res}(\alpha_k, Q(z))$$

としても計算できることを示せ．

例 7.6 $I = \displaystyle\int_{-\infty}^{\infty} \frac{1}{x^2+a^2}\,dx \quad (a>0)$

$1/(z^2+a^2)$ の極は $z = \pm ia$ であり，いずれも 1 位の極である．そのうち上半平面にあるものは $z = ia$ であり，その留数は $1/(2ia)$ である．したがって，求める積分は π/a である．

問題 7.3 例 7.6 の積分を留数定理を用いず直接計算せよ.

例 7.7 (1) $I = \displaystyle\int_{-\infty}^{\infty} \dfrac{dx}{(x^2+a^2)^2}$ $(a>0)$

$1/(z^2+a^2)^2$ の極は $z = \pm ia$ であり,いずれも 2 位の極である.そのうち上半平面にあるものは $z = ia$ であり,その留数は $1/(4a^3 i)$ である.したがって,求める積分は $\pi/2a^3$ である.

(c) $Q(z) = f(z)/g(z)$ を実軸上に極をもたない有理関数として,$\deg g(z) - \deg f(z) \geq 1$ と仮定する.そのとき,a を正の実数として積分

$$I_1 = \int_{-\infty}^{\infty} Q(x) \cos ax \, dx, \quad I_2 = \int_{-\infty}^{\infty} Q(x) \sin ax \, dx \qquad (7.9)$$

を考える.このような積分はフーリエ (Fourier) 積分の計算に現れる. (7.9) を計算するためにまず複素積分

$$\int_{\Gamma_R} Q(z) e^{iaz} \, dz \qquad (7.10)$$

を考えてみよう.ここで,Γ_R は (b) で考えた積分路と同じものである.複素積分 (7.10) で $R \to \infty$ とする.まず,上半円 C_R^+ 上の積分が 0 に近づくことを示そう.曲線 C_R^+ 上では,$z = Re^{i\theta}$ $(0 \leq \theta \leq \pi)$ とおくことができるから,$dz = iRe^{i\theta}d\theta$ であり,$Q(z)$ の分母は分子より次数が少なくとも 1 高いので,十分大きな R に対して,C_R^+ 上で $|Q(z)| \leq M/R$ となるような R によらない定数 M を選ぶことができる.よって,不等式 (4.21)(第 4 章)を用いて,

$$\left| \int_{C_R^+} Q(z) e^{aiz} \, dz \right| \leq M \int_0^{\pi} e^{-aR\sin\theta} d\theta = 2M \int_0^{\pi/2} e^{-aR\sin\theta} d\theta$$

を得る.ここで,第 2 項と第 3 項の間の等号は $\sin\theta$ $(0 \leq \theta \leq \pi)$ のグラフが $\theta = \pi/2$ に関して対称であることから従う.次に,不等式

$$\sin\theta \geq \frac{2}{\pi}\theta \quad \left(0 \leq \theta \leq \frac{\pi}{2}\right)$$

が成り立つことに注意する.この不等式は $y = \sin\theta$ と $y = 2\theta/\pi$ のグラフを比べれば簡単に得られる.この不等式を用いれば,

$$\int_0^{\pi/2} e^{-aR\sin\theta} d\theta \leq \int_0^{\pi/2} e^{-(2aR/\pi)\theta} d\theta = \pi \frac{1-e^{-aR}}{2aR} \longrightarrow 0 \quad (R \to \infty)$$

となるから,

$$\int_{-\infty}^{\infty} Q(x)e^{iax}\,dx = \lim_{R\to\infty}\int_{\Gamma_R} Q(z)e^{iaz}\,dz$$
$$= 2\pi i \sum_{\operatorname{Im}\alpha_k > 0} \operatorname{Res}(\alpha_k, Q(z)e^{iaz}) \qquad (7.11)$$

が得られた. (7.11) の実部と虚部をとることにより, 積分 (7.9) がそれぞれ計算できる.

以上の計算において求めたのは実は主値積分の値である. したがって, 議論を完全にするには, 広義積分 (7.9) の存在を示す必要がある. $\deg g(z) - \deg f(z) \geq 2$ のときは, $|\sin ax| \leq 1$, $|\cos ax| \leq 1$ に注意すれば, (b) の場合と同様に考えて, 広義積分 (7.9) が収束することがわかる. $\deg g(z) - \deg f(z) = 1$ の場合は, 広義積分の収束は明らかではない. そのために, 積分路として以下のような閉曲線 Γ （長方形）をとり, 広義積分の値を求めると同時に, 広義積分が収束することも証明しよう (図 7.3 参照).

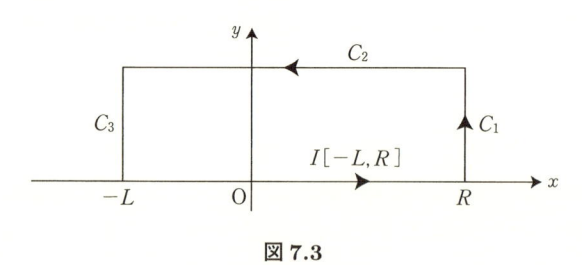

図 7.3

(i) まず, 実軸上の閉区間 $I[L,R] = [-L, R]$ を $z = -L$ から右向きに $z = R$ まで進む. (ii) 次に, $C_1 : \{z = R + iy \mid 0 \leq y \leq K\}$ をとり, $z = R$ から虚軸に平行に上向きに $z = R + iK$ $(K > 0)$ まで進む. (iii) さらに $C_2 : \{z = x + iK \mid R \geq x \geq -L\}$ をとり, $z = R + iK$ から $z = -L + iK$ まで実軸に平行に左向きに進む. (iv) 最後に, $C_3 : \{z = -L + iy \mid K \geq y \geq 0\}$ をとり, $z = -L + iK$ から下向きに虚軸に平行に始点 $z = -L$ に戻る. (i) から (iv) を併せた長方形の積分路 $\Gamma = I[-L, R] \cup C_1 \cup C_2 \cup C_3$ を考える. L, R, K を十分大きくとれば, $Q(z)$ の極はすべて長方形の内部にあり, ま

た仮定：$\deg g(z) - \deg f(z) \geq 1$ より適当に $M > 0$ を選べば，各 C_i 上で $|Q(z)| \leq M/|z|$ が成り立つと仮定してよい．そのような仮定のもとで，C_i に沿った $Q(z)e^{iaz}$ の積分を評価する．まず C_1 上では $|e^{iaz}| = e^{-ay}$ であるから，

$$\left|\int_{C_1} Q(z)e^{iaz} dz\right| \leq \int_0^K \frac{M}{|R+iy|} e^{-ay} dy \leq \frac{M}{R} \int_0^K e^{-ay} dy = \frac{M}{aR}(1 - e^{-aK})$$

を得る．次に C_2 上では $|e^{iaz}| = e^{-aK}$ であるから，

$$\left|\int_{C_2} Q(z)e^{iaz} dz\right| \leq \int_{-L}^R \frac{M}{|x+iK|} e^{-aK} dx$$
$$\leq \frac{M}{K} \int_{-L}^R e^{-aK} dx = \frac{M(R+L)}{K} e^{-aK}$$

である．最後に C_3 上では $|e^{iaz}| \leq e^{-ay}$ であり，C_1 上の積分の評価式とまったく同様にして

$$\left|\int_{C_3} Q(z)e^{iaz} dz\right| \leq \int_0^K \frac{M}{|-L+iy|} e^{-ay} dy$$
$$\leq \frac{M}{L} \int_0^K e^{-ay} dy = \frac{M}{aL}(1 - e^{-aK})$$

が得られる．そこで，まず $K \to \infty$ として C_2 上の積分を $\to 0$ とした後で，$L, R \to \infty$ とすれば，C_1, C_3 上の積分がともに $\to 0$ となる．したがって，再び (7.11) が得られる．この場合は L, R は独立に $\to \infty$ としてよいので，同時に広義積分の収束性も示されたことになる．定数 a が負の場合には，下半平面に長方形の積分路をとればよい．

例 7.8 積分 $\displaystyle\int_{-\infty}^{\infty} \frac{e^{iax}}{x^2+b^2} dx \quad (a, b > 0)$ を考える．

複素関数 $e^{iaz}/(z^2+b^2)$ の上半平面にある極は $z = bi$ （1位の極）だけであり，留数は $e^{-ab}/(2bi)$ であるから，

$$I = \int_{-\infty}^{\infty} \frac{e^{iax}}{x^2+b^2} dx = 2\pi i \frac{e^{-ab}}{2bi} = \frac{\pi}{b} e^{-ab} \quad (\text{実数})$$

となり，この実部をとって

$$I_1 = \int_{-\infty}^{\infty} \frac{\cos ax}{x^2+b^2} dx = \frac{\pi}{b} e^{-ab}$$

を得る.

例 7.9 積分 $\int_{-\infty}^{\infty} \dfrac{xe^{iax}}{x^2+b^2}\, dx \quad (a,b>0)$ を考える.

複素関数 $ze^{iaz}/(z^2+b^2)$ の上半平面にある極は $z=bi$ (1位の極) だけであり, 留数は $e^{-ab}/2$ であるから

$$I = \int_{-\infty}^{\infty} \dfrac{xe^{iax}}{x^2+b^2}\, dx = 2\pi i \dfrac{e^{-ab}}{2} = i\pi e^{-ab} \quad (純虚数)$$

が得られる. よって虚部をとれば

$$I_2 = \int_{-\infty}^{\infty} \dfrac{x\sin ax}{x^2+b^2}\, dx = \pi e^{-ab}$$

を得る. 特に

$$\int_0^{\infty} \dfrac{\sin x}{x}\, dx = \dfrac{1}{2}\lim_{b\to 0}\int_{-\infty}^{\infty} \dfrac{x\sin x}{x^2+b^2}\, dx = \dfrac{\pi}{2} \qquad (7.12)$$

である.

有理関数 $Q(z) = f(z)/g(z)$ が実軸の上に極をもつ場合を考える. 簡単のため極の位数は 1 であると仮定しよう. もちろん $\deg g(z) - \deg f(z) \geq 1$ は仮定する. 積分路として $\Gamma = I[L,R] \cup C_1 \cup C_2 \cup C_3$ をとると, $I(L,R) = \{z = x| -L \leq x \leq R\}$ 上に $Q(z)$ の特異点 (1位の極) が現れる. そのような極は一つしかないと仮定し, その極を $z=b$ とおく. 積分路として Γ の $I[L,R]$ の部分を (特異点を迂回するように) 以下のような積分路で置き換えたものを考える (図 7.4 参照).

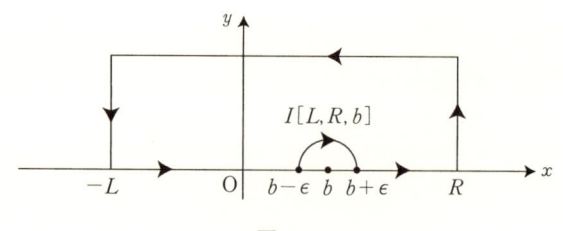

図 7.4

7.2 定積分の計算について

ϵ を小さくとり，まず $x = -L$ から $x = b - \epsilon$ まで進み，次に中心 $x = b$ とする半径 ϵ の半円 $C_\epsilon : z = b + \epsilon e^{i\theta}$ $(0 \le \theta \le \pi)$ に沿って極 $z = b$ を時計回り（負の向き）に迂回し，最後に $x = b + \epsilon$ から $x = R$ に達する．このような積分路 $I[L, R, b]$ に沿った $Q(z)e^{iaz}$ の積分は

$$\int_{I[L,R,b]} Q(z)e^{iaz} dz$$
$$= \int_{-L}^{b-\epsilon} Q(x)e^{iax} dx + \int_{b+\epsilon}^{R} Q(x)e^{iax} dx - \int_{C_\epsilon} Q(z)e^{iaz} dz \quad (7.13)$$

である．ここで $\epsilon \to 0$ の極限をとれば (7.13) の第 1 項と第 2 項の和は主値積分

$$\text{P.V.} \int_{-L}^{R} Q(x)e^{iax} dx = \lim_{\epsilon \to 0} \left\{ \int_{-L}^{b-\epsilon} Q(x)e^{iax} dx + \int_{b+\epsilon}^{R} Q(x)e^{iax} dx \right\}$$

となり，(7.13) の右辺の第 3 項は

$$-\lim_{\epsilon \to 0} \int_{C_\epsilon} Q(z)e^{iaz} dz = -\pi i \, \text{Res}(b, Q(z)e^{iaz}) \quad (7.14)$$

となる．残る C_i $(i = 1, 2, 3)$ 上の積分については $K \to \infty$ とした後 $L, R \to \infty$ とすれば，これらはすべて $\to 0$ となるから，

$$\text{P.V.} \int_{-\infty}^{\infty} Q(x)e^{iax} dx$$
$$= 2\pi i \sum_{\text{Im } \alpha_k > 0} \text{Res}(\alpha_k, Q(z)e^{iaz}) + \pi i \, \text{Res}(b, Q(z)e^{iaz})$$

を得る．

問題 7.4 (7.14) を示せ．

もっと一般的に，$Q(z)$ が実軸上に有限個の一位の極 β_j をもつとき，

$$\text{P.V.} \int_{-\infty}^{\infty} Q(x)e^{iax} dx$$
$$= 2\pi i \sum_{\text{Im } \alpha_k > 0} \text{Res}(\alpha_k, Q(z)e^{iaz}) + \pi i \sum_{\text{Im } \beta_j = 0} \text{Res}(\beta_j, Q(z)e^{iaz})$$

であることが示される．ただし，ここでのコーシー主値 P.V. は実軸上のおのおのの 1 位の極 β に対して区間 $[\beta - \epsilon, \beta + \epsilon]$ の部分を積分区間から除き，後で $\epsilon \to 0$ の極限をとることを意味しており，無限積分の部分は広義積分が収束して，それが主値で計算される．

例 7.10 $Q(z) = 1/z$ は $z = 0$ で 1 位の極をもち，分母の次数が分子の次数より 1 だけ大きいので，いままでの議論が適用できて

$$\text{P.V.} \int_{-\infty}^{\infty} \frac{e^{ix}}{x} dx = \pi i \, \text{Res}(0, \frac{e^{iz}}{z}) = \pi i$$

となる．ただし，主値は極 $z = 0$ の近傍での積分に対してとられており，無限積分は広義積分として収束している．非積分関数の虚部が偶関数 $(\sin x)/x$ であり，この関数の $-\infty$ から $0 - \epsilon$ の積分と $0 + \epsilon$ から ∞ への積分がともに収束して同じ値になるから

$$\int_0^{\infty} \frac{\sin x}{x} dx = \frac{\pi}{2}$$

が得られる．この結果はすでに (7.12) で得られたものである．

7.3 偏角の原理とルーシェの定理

A. 偏角の原理

一般の閉曲線 C に対して，以下の定理が成り立つ．

【定理 7.3】＊ 閉曲線 C が点 α を通らなければ，積分 $\int_C dz/(z-\alpha)$ は $2\pi i$ の整数倍である．したがって，

$$w(C, \alpha) = \frac{1}{2\pi i} \int_C \frac{dz}{z - \alpha} \tag{7.15}$$

は整数となり，この値を $z = \alpha$ のまわりの閉曲線 C に関する**回転指数**と呼ぶ．

証明 この定理の内容は直観的に

$$\int_C \frac{dz}{z - \alpha} = \int_C d\log(z - \alpha) = \int_C d\log|z - \alpha| + i \int_C d\arg(z - \alpha)$$

より z が閉曲線 C に沿って始点から終点に至ると，絶対値は元に戻るから実部の積分は 0 となるが，虚部は $\arg(z-\alpha)$ の増分であるから 2π の整数倍になるのだと考えればよいであろう．しかしこれでは数学としての証明にはなっていない．以下に証明を述べよう（これまでの説明で，定理の結論をある程度直感的に納得できた読者は証明を読む必要はない）．$C : z(t)$ $(a \le t \le b)$ とする．ただし，$z(a) = z(b)$ である．(7.15) の積分をパラメータ t を用いて直接計算する．そのために関数

$$\phi(t) = \int_a^t \frac{z'(t)dt}{z(t)-\alpha}$$

を導入する．$\phi(t)$ は閉区間 $[a,b]$ で定義された連続関数である．また，C は区分的に滑らかな曲線であるから，有限個の点を除いて $z'(t)$ は連続となり，そのような t においては連続な導関数

$$\phi'(t) = \frac{z'(t)}{z(t)-\alpha} = (\log(z(t)-\alpha))'$$

が存在する．したがって，

$$\frac{d}{dt}(e^{-\phi(t)}(z(t)-\alpha)) = 0$$

が有限個の点を除いて成り立つ．ところが関数 $e^{-\phi(t)}(z(t)-\alpha)$ は連続関数であるから，この関数は恒等的に定数 $e^{-\phi(a)}(z(a)-\alpha) = z(a)-\alpha$ となる．よって

$$e^{\phi(t)} = \frac{z(t)-\alpha}{z(a)-\alpha}$$

を得る．C は閉曲線なので $z(a) = z(b)$ であるから $e^{\phi(b)} = 1$ となる．よって，$\phi(b)$ は $2\pi i$ の整数倍である． ∎

問題 7.5 $w(-C, \alpha) = -w(C, \alpha)$ であることを示せ．

D を有界な単連結領域とし，C を D 内の任意の閉曲線として，C を単一閉曲線 C_i の和に分解して $C = \sum C_i$ とおく．曲線 C の上にない $\alpha \in D$ に対して，単一閉曲線 C_i のなかで α をその内部に含むものを選び出し，そのうちで向きが正のもの（単一閉曲線で囲まれた α を含む領域を進行方向左手にみるも

の) の数を k, 向きが負のものの数を ℓ とおけばより回転指数を表す積分の値は

$$w(\alpha, C) = \frac{1}{2\pi i} \int_C \frac{dz}{z-\alpha} = k - \ell$$

である.

曲線 C を z 平面の任意の閉曲線とするとき, 曲線 C の原点のまわりの回転指数 $w(0, C)$ は積分

$$\frac{1}{2\pi i} \int_C \frac{dz}{z} \tag{7.16}$$

で与えられる. この積分の値は, 閉曲線 C を単一閉曲線 C_i の和に分解したとき, それらの単一閉曲線のなかで 0 を内部に含むものを考え, 正の向きに原点を回るものの数から, 負の向きに原点を回るものを数を引いたものであり, 閉曲線 C が原点を回る回数を向きを含めて数えたものである. $1/z$ の不定積分は $\log z$ であるが, この実部 $\log |z|$ は 1 価で閉曲線に沿って積分すれば 0 となり, 多価である虚部 $\arg z$ の閉曲線 C に沿う変化量が積分 (7.16) の値を決める. その意味で, 以下の象徴的な表現を用いることがある.

$$w(0, C) = \frac{1}{2\pi} \int_C d \arg z \tag{7.17}$$

次に曲線 C は単一閉曲線 (ジョルダン曲線) として, C によって囲まれる領域を G とする. 複素関数 $f(z)$ は $\bar{G} = G \cup C$ を含む領域で有理型の関数で, 恒等的には 0 ではないとし, また C 上には極も零点ももたないと仮定する. そのとき, 関数 $w = f(z)$ による曲線 C の w 平面での像は閉曲線となる (ジョルダン曲線とは限らない) から, それを Γ とおく. そのとき, w 平面で閉曲線 Γ の原点 $w = 0$ に関する回転指数 $w(0, \Gamma)$ は, 積分

$$w(0, \Gamma) = \frac{1}{2\pi i} \int_\Gamma \frac{dw}{w}$$

で与えられる. 積分変数を w から z に変換すれば,

$$w(0, \Gamma) = \frac{1}{2\pi i} \int_C \frac{f'(z)}{f(z)} dz \tag{7.18}$$

である. $f'(z)/f(z)$ は C で囲まれる領域 G で有理型であるから, (7.18) の右

7.3 偏角の原理とルーシェの定理

辺の積分は，$f'(z)/f(z)$ の C の内部にある特異点（極）の留数によって定まる．このような積分を考える前に，以下ですこし言葉を準備する．領域 G で有理型の関数 $f(z)$ が G で k 個の零点 $\alpha_1, \ldots, \alpha_k$ をもち，それぞれの零点の位数を $n_1, \ldots, n_k$ とする．また $f(z)$ は G で ℓ 個の極 $\beta_1, \ldots, \beta_\ell$ もち，それぞれの極の位数を $p_1, \ldots, p_\ell$ とおく．そのとき $f(z)$ は G で重複度をこめて $N = n_1 + \cdots + n_k$ 個の零点と，$P = p_1 + \cdots + p_\ell$ 個の極をもつということにする．これで偏角の原理を述べる準備が整った．

【定理 7.4】（偏角の原理） C を単一閉曲線とし，C で囲まれる領域を G とする．C には正の向きをつけておく．$\bar{G} = G \cup C$ を含む領域で有理型の関数 $f(z)$ が，G において重複度をこめて N 個の零点と P 個の極をもつとする．そのとき，

$$\frac{1}{2\pi i} \int_C \frac{f'(z)}{f(z)}\,dz = \frac{1}{2\pi} \int_C d\arg f(z) = N - P \tag{7.19}$$

が成り立つ．

証明 $z = \alpha$ が $f(z)$ の n 位の零点なら，$z = \alpha$ の近傍で

$$f(z) = (z-\alpha)^n f_0(z)$$

と書くことができる．ここで，$f_0(z)$ は $z = \alpha$ で正則な関数で $f_0(\alpha) \neq 0$ である．したがって，$z = \alpha$ の近傍では

$$f'(z) = n(z-\alpha)^{n-1} + (z-\alpha)^n f_0'(z)$$

となり，よって

$$\frac{f'(z)}{f(z)} = \frac{n}{z-\alpha} + \frac{f_0'(z)}{f_0(z)} \tag{7.20}$$

を得る．ここで，$f_0(\alpha) \neq 0$ であるから，$z = \alpha$ の十分小さな近傍でも $f_0(z) \neq 0$ となり，(7.20) の右辺の第 2 項は $z = \alpha$ で正則である．したがって，$f'(z)/f(z)$ は $z = \alpha$ で 1 位の極をもち，その留数は n である．

次に，$f(z)$ が $z = \beta$ で p 位の極をもつなら，$z = \beta$ の近傍で

$$f(z) = \sum_{i=1}^{p} \frac{c_{-i}}{(z-\beta)^i} + f_1(z) = \frac{f_2(z)}{(z-\beta)^p}$$

と書くことができる．ここで，$c_{-p} \neq 0$ であり，$f_1(z)$ は $z = \beta$ で正則な関数である．したがって，

$$f_2(z) = \sum_{i=1}^{p} c_{-i}(z-\beta)^{p-i} + f_1(z)(z-\beta)^p$$

は $z = \beta$ で正則な関数で，$f_2(\beta) = c_{-p} \neq 0$ を満たす．よって，

$$f'(z) = \frac{-pf_2(z)}{(z-\beta)^{p+1}} + \frac{f_2'(z)}{(z-\beta)^p}$$

となり，$z = \beta$ の近傍では

$$\frac{f'(z)}{f(z)} = \frac{-p}{z-\beta} + \frac{f_2'(z)}{f_2(z)} \tag{7.21}$$

が得られる．ここで，$f_2(\beta) \neq 0$ に注意すれば (7.20) の右辺第 2 項は $z = \beta$ で正則な関数になることがわかるので，結局 $f'(z)/f(z)$ は $z = \beta$ で 1 位の極をもち，その留数は $-p$ であることがわかる．

$z = \gamma$ が $f(z)$ が零点でもなく極でもなければ，$f'(z)/f(z)$ は $z = \gamma$ で正則となるので $f'(z)/f(z)$ の極は $f(z)$ の零点および極からしか生まれないことになる．そのことに注意して留数定理を用いれば定理の結論が得られる． ■

【系 7.1】＊ 単一閉曲線 C の内部からなる領域を G とし，$\bar{G}$ を含む領域で有理型の複素関数 $f(z)$ は，G において，位数が $n_1, \ldots, n_k$ であるような k 個の零点 $\alpha_1, \ldots, \alpha_k$ と位数が $p_1, \ldots, p_\ell$ であるような極 $\beta_1, \ldots, \beta_\ell$ をもつものとする．そのとき，G で正則な関数 ϕ に対して，

$$\frac{1}{2\pi i} \int_C \phi(z) \frac{f'(z)}{f(z)} \, dz = \sum_{i=1}^{k} n_i \phi(\alpha_i) - \sum_{j=1}^{\ell} p_j \phi(\beta_j) \tag{7.22}$$

が成り立つ．

証明 定理 7.4 の証明中の計算とまったく同様な計算により，

$$\mathrm{Res}(\alpha_i, \phi(z)\frac{f'(z)}{f(z)}) = n_i \phi(\alpha_i), \qquad \mathrm{Res}(\beta_j, \phi(z)\frac{f'(z)}{f(z)}) = -p_j \phi(\beta_j)$$

が得られることに注意して，留数定理を使えばよい． ■

いま，複素関数 $f(z)$ が $z = \infty$ で n 位の零点をもつ場合を考える．その場

合, $z = \infty$ でのテイラー展開は

$$f(z) = \sum_{j=n}^{\infty} \frac{c_j}{z^j} \quad (c_n \neq 0)$$

であるから, $f(z) = \dfrac{1}{z^n} f_1(z)$ と書けば,

$$f_1(z) = c_n + c_{n+1}/z + \cdots \tag{7.23}$$

は $z = \infty$ で正則であり, $f_1(\infty) = c_n \neq 0$ を満たす. そのとき,

$$f'(z) = \frac{-n}{z^{n+1}} f_1(z) + \frac{1}{z^n} f_1'(z)$$

であるから, 結局 $z = \infty$ の近傍では

$$\frac{f'(z)}{f(z)} = \frac{-n}{z} + \frac{f_1'(z)}{f_1(z)} k \tag{7.24}$$

であり, (7.23) より,

$$f_1'(z) = -c_{n+1}/z^2 - 2c_{n+2}/z^3 - \cdots$$

である. これと (7.23) を併せて考えると, (7.24) の右辺第 2 項 $f_1'(z)/f_1(z)$ は $z = \infty$ で正則で, 2 位以上の零点をもつことがわかる. よって

$$\mathrm{Res}(\infty, \frac{f'(z)}{f(z)}) = -(-n) = n \tag{7.25}$$

である. 次に $f(z)$ が $z = \infty$ で p 位の極をもつ場合を考える. そのとき, $z = \infty$ でのローラン展開は

$$f(z) = \sum_{i=1}^{p} c_{-i} z^i + \sum_{j=0}^{\infty} \frac{c_j}{z^j} \quad (c_{-p} \neq 0)$$

であるから, $f(z) = z^p f_2(z)$ とおけば,

$$f_2(z) = c_{-p} + \frac{c_{-p+1}}{z} + \frac{c_{-p+2}}{z^2} + \cdots \tag{7.26}$$

は $z = \infty$ で正則で $f(\infty) = c_{-p} \neq 0$ であり,

$$f'(z) = p z^{p-1} f_2(z) + z^p f_2'(z)$$

だから，
$$\frac{f'(z)}{f(z)} = \frac{p}{z} + \frac{f_2'(z)}{f_2(z)}$$
である．そのとき (7.26) より
$$f_2'(z) = -\frac{c_{-p+1}}{z^2} - \frac{2c_{-p+2}}{z^3} + \cdots$$
であるから，(7.26) を併せて考えれば，$f_2'(z)/f_2(z)$ は $z = \infty$ で 2 位以上の零点をもつことがわかる．したがって，
$$\mathrm{Res}(\infty, \frac{f'(z)}{f(z)}) = -p \tag{7.27}$$
が得られる．以上を用いて次の定理を証明することができる．

【定理 7.5】 $f(z)$ は $\bar{\mathbb{C}}$ で有理型，すなわち有理関数であると仮定する．そのとき $\bar{\mathbb{C}}$ における $f(z)$ の零点の数と極の数は重複度をこめて数えれば等しい．

証明 $f(z)$ が有理関数であるから $f'(z)/f(z)$ も有理関数であり，$\bar{\mathbb{C}}$ における留数の総和は 0 となる．よって (7.19) と (7.25),(7.27) により $\bar{\mathbb{C}}$ における $f'(z)/f(z)$ の留数の総和は $N - P + n - p = N + n - (P + p) = 0$ となり，定理の主張が従う．∎

B. ルーシェの定理と逆関数

【定理 7.6】（ルーシェ (Rouché) の定理） 複素関数 $f(z), g(z)$ は単連結領域 D で正則であるとし，C を D 内の単一閉曲線とする．曲線 C 上のすべての点で $|f(z)| > |g(z)|$ であれば，$f(z)$ と $f(z) + g(z)$ は C の内部に重複度をこめて同じ個数の零点をもつ．

証明 仮定により，C 上では
$$|f(z)| > 0, \qquad |f(z) + g(z)| \geq |f(z)| - |g(z)| > 0 \ \ (z \in C)$$
が成り立つから，$f(z)$ および $g(z)$ は C 上で零点をもたない．そこで
$$F(z) = \frac{f(z) + g(z)}{f(z)} = 1 + \frac{g(z)}{f(z)}$$

とおけば，C 上では
$$|F(z) - 1| = \left|\frac{g(z)}{f(z)}\right| < 1$$
が成り立つ．したがって，写像 $w = F(z)$ による単一閉曲線 C の w 平面における像 $F(C)$ は，w 平面での円 $\{w \mid |w - 1| = 1\}$ の内部に含まれる．よって $F(C)$ は原点のまわりを回らないので，
$$\frac{1}{2\pi}\int_C d\arg F(z) = \frac{1}{2\pi i}\int_C \frac{F'(z)}{F(z)}dz = 0 \tag{7.28}$$
である．一方 $f(z) + g(z), f(z)$ は，C の内部で正則だから極をもたず，零点の個数の差は偏角の原理により (以下の問題 7.6 参照)
$$\frac{1}{2\pi}\left(\int_C d\arg(f(z) + g(z)) - \int_C d\arg f(z)\right)$$
$$= \frac{1}{2\pi}\int_C d\arg\left(1 + \frac{g(z)}{f(z)}\right) \tag{7.29}$$
で計算される．ここで，(7.29) の右辺は (7.28) により 0 となる．よって，定理の主張が証明された． ■

問題 7.6 (7.29) で用いた関係式
$$\frac{1}{2\pi}\left(\int_C d\arg f(z) - \int_C d\arg g(z)\right) = \frac{1}{2\pi}\int_C d\arg \frac{f(z)}{g(z)}$$
を証明せよ．

ルーシェの定理を用いて代数学の基本定理 (定理 5.5 参照)，すなわち『任意の複素係数 n 次の多項式は重複度をこめて n 個の零点をもつ』ことの別証明を与えよう．任意の n 次多項式を
$$F(z) = \alpha_n z^n + \alpha_{n-1}z^{n-1} + \cdots + \alpha_0, \quad (\alpha_n \neq 0)$$
とおき，$f(z) = \alpha_n z^n$, $g(z) = \alpha_{n-1}z^{n-1} + \cdots + \alpha_0$ とする．単一閉曲線として円 $|z| = R > 1$ をとる．そのとき C 上では

$$\left|\frac{f(z)}{g(z)}\right| = \frac{|\alpha_0 + \alpha_1 z + \cdots + \alpha_{n-1} z^{n-1}|}{|\alpha_n z^n|}$$

$$\leq \frac{|\alpha_0| + |\alpha_1|R + \cdots + |\alpha_{n-1}|R^{n-1}}{|\alpha_n|R^n}$$

$$\leq \frac{|\alpha_0|R^{n-1} + |\alpha_1|R^{n-1} + \cdots + |\alpha_{n-1}|R^{n-1}}{|\alpha_n|R^n}$$

$$\leq \frac{|\alpha_0| + |\alpha_1| + \cdots + |\alpha_{n-1}|}{|\alpha_n|R}$$

であるから，R を十分大きく選べば $|g(z)|/|f(z)| < 1$，すなわち $|z| = R$ 上で $|g(z)| < |f(z)|$ となることがわかる．したがって，ルーシェの定理により多項式 $F(z) = f(z) + g(z)$ は $f(z) = \alpha_n z^n$ と（重複度をこめて）同じ個数の零点をもつ．$f(z) = \alpha_n z^n$ の零点は $z = 0$（位数 n）であるから，与えられた $F(z)$ の零点の個数は（重複度をこめて）n 個であることがわかる．

例 7.11 7 次方程式 $z^7 - 5z^3 + 12 = 0$ を考える．まず円 $S_1 = \{z \mid |z| = 1\}$ を考えると，$f(z) = 12$，$g(z) = z^7 - 5z^2$ とおくとこの円周 S_1 上では $|g(z)| \leq |z^7| + |5z^3| \leq 6 < 12$ となるからルーシェの定理によれば S_1 の内部における $F(z) = f(z) + g(z) = z^7 - 5z^3 + 12$ の零点の数は $f(z) = 12$ の零点の数と同じである．したがって $F(z)$ は S_1 の内部に零点をもたないことになる．次に $S_2 = \{z \mid |z| = 2\}$ を考えよう．今度は $f(z) = z^7$，$g(z) = 12 - 5z^3$ とおく．円周 S_2 上では $|g(z)| = |12 - 5z^3| \leq 12 + |5z^3| = 12 + 40 = 52$ である一方 $|f(z)| = 2^7 = 128$ である．したがって，$|f(z)| > |g(z)|$ が S_2 上で成り立つことになり，再びルーシェの定理によって $F(z) = f(z) + g(z) = z^7 - 5z^3 + 12$ は z^7 と重複度をこめて同じ数の零点をもつ．すなわち，すべての零点が S_2 の内部にあることになる．結局，方程式の解（零点）のすべては $1 < |z| < 2$ の範囲にあることがわかった．

問題 7.7 上記の例 7.11 で得られた解の存在範囲 $1 < |z| < 2$ を同様の議論によって，さらに絞り込むことは可能か？

ルーシェの定理を用いると，有理型関数による写像の局所的な性質を調べることができる．まず必要な定義を述べよう．領域 D で有理型な関数 $f(z)$ が $\alpha \in D$ について $f(\alpha) = \gamma$ であるとき，α は $f(z)$ の γ 点であるという．明らか

に，α が $f(z)$ の γ 点であることは α が関数 $f(z) - \gamma$ の零点であることと同値である．そこで $f(z) - \gamma$ が $z = \alpha$ で k 位の零点をもつとき，$z = \alpha$ は **k 位の γ 点**であると呼ぶことにする．これは $z = \alpha$ において $f(z)$ が $w = \gamma$ を k 回重複してとることを意味している．このとき適当な $R > 0$ を選べば，$|z - \alpha| < R$ において，

$$f(z) = \gamma + \sum_{n=k}^{\infty} c_n (z - \alpha)^n \quad (c_k \neq 0)$$

と書かれることに注意しよう．α が k 位の γ 点ならば，$f(z)$ により定義される z 平面から w 平面の写像は $z = \alpha$ の近傍で γ に近い値を k 回とる．すなわち，以下の定理が成り立つ．

【定理 7.7】 複素関数 $w = f(z)$ は領域 D で正則で，$z = \alpha \in D$ が $f(z)$ の k 位の γ 点であると仮定する．そのとき r, ρ を適当に選べば，$|w - \gamma| < \rho$ となる w に対して方程式

$$w - f(z) = 0 \tag{7.30}$$

は $|z - \alpha| < r$ で重複度をこめて k 個の解をもつ．

証明 $f(z)$ は恒等的に γ に等しくはないので，γ は $f(z) - \gamma$ の集積点ではない．したがって十分小さな $r\,(< R)$ を選べば，$|z - \alpha| \leq r$ のとき $f(z) \neq \gamma$ であるようにできる．そこで $|z - \alpha| = r$ における $|f(z) - \gamma|$ の最小値を ρ とおく．そのとき $|w - \gamma| < \rho$ ならば円周 $|z - \alpha| = r$ 上で不等式

$$|\gamma - w| < |f(z) - \gamma| \tag{7.31}$$

が成り立つことと

$$f(z) - w = (f(z) - \gamma) + (\gamma - w) \tag{7.32}$$

であることに注意すれば，ルーシェの定理により $|z - \alpha| < r$ における $f(z) - w$ の零点と $f(z) - \gamma$ の零点の数は，重複度をこめて等しいことがわかる． ∎

【系 7.2】* 領域 D で定数でない正則関数 $f(z)$ は開集合を開集合に写す．(こ

のように開集合を開集合に写す写像を**開写像**という．) 特に，領域は正則関数によって領域に写される．

証明 証明は容易である．$f(\alpha) = \gamma$ とする．定理 7.7 における r, ρ を選んで，$U = \{z \mid |z - \alpha| < r\}$, $V = \{w \mid |w - \gamma| < \rho\}$ とおくと，$w \in V$ に対して $w = f(z)$ となる $z \in U$ が存在するから，$V \supset f(U)$ となる．すなわち，任意の点 α に対して α を含む適当な開近傍 U をとれば，$f(U)$ は $\gamma = f(\alpha)$ の開近傍 V を含んでいる．よって f は開写像であることがわかる．後半は，領域とは連結な開集合のことであることを思い起こし，さらに連結集合は連続写像によって連結な集合に写されること (第 2 章，問題 2.2) に注意すれば直ちに従う． ■

注意 1 $f'(z)$ は $z = \alpha$ の十分近くでは零ではないから，定理 7.7 の証明に現れる r をもっと小さくとり直せば，$0 < |z - \alpha| \leq r$ で $f'(z) \neq 0$ と仮定することができる．そのとき $0 < |z - \alpha| \leq r$ の各点で $f(z)$ は 1 対 1 であるから，方程式 (7.30) の解はすべて異なっている．

注意 2 $f(z)$ が $z = \alpha$ において k 位の極をもつ場合は，$g(z) = 1/f(z)$ は $z = \alpha$ 正則で k 位の零点をもつ．したがって定理 7.7 を適用して，$|\eta - 0| = |\eta| \leq \rho'$ なら $\eta = g(z)$ は $|z - \alpha| \leq r$ において重複度をこめて k 個の解をもつことがわかる．これを言い換える．$w = 1/\eta$ とおけば $|w| \geq 1/\rho' = \rho$ に対しては方程式 $w = f(z)$ は $|z - \alpha| \leq r$ において重複度をこめて k 個の解をもつことになる．これで定理 7.7 が γ が無限遠点の場合にも拡張できることがわかった．次に $f(z)$ が $z = \infty$ において k 位の γ 点をもつ場合を考える．その場合は $\zeta = 1/z$ とき，$g(\zeta) = f(1/\zeta) = f(z)$ について考えれば，$g(\zeta)$ は $\zeta = 0$ において k 位の γ 点をもつことになり，再び定理が適用できる．それを言い換えることにより r と ρ を選べば $|w - \gamma| \leq \rho$ に対して方程式 $w = f(z)$ が $|z| \geq r$ において重複度をこめて k 個の解をもつようにできることがわかる．これは定理 7.7 において α が無限遠点の場合である．まったく同様に α, γ ともに無限遠点の場合にも，定理 7.7 を証明することができる．結局，定理 7.7 は $\overline{\mathbb{C}}$ 領域で定義され，$\overline{\mathbb{C}}$ に値をとる有理型関数について成り立つことがわかる．

注意 3 $\overline{\mathbb{C}}$ の領域で定義された有理型関数 $f(z)$ に対して，それを $\overline{\mathbb{C}}$ の領域で

定義され，$\overline{\mathbb{C}}$ に値をとる写像と考えれば，注意 2 により先に述べた系 7.2 がこのような $f(z)$ 対して成り立つことがわかる．詳細は省略する．

定理 7.7 で $k=1$ の場合を考えると，$|w-\gamma|<\rho$ なら，$w=f(z)$ となる z が $|z-\alpha|<r$ において必ずただ一つ存在する．これを $F(w)$ で表すことにする．$|\zeta-\alpha|=r$ 上では (7.31),(7.32) により $w \neq f(\zeta)$ であるから，(7.22) を閉曲線 $C=S(\gamma,r)=\{\zeta \mid |\zeta-\gamma|=r\}$ と $\phi(z)=z$ に対して適用すると

$$F(w) = \frac{1}{2\pi i}\int_{S(\gamma,r)} \zeta\, \frac{f'(\zeta)}{f(\zeta)-w}d\zeta \tag{7.33}$$

が得られる．この複素関数 $F(w)$ は，定義域 $|w-\gamma|<\rho$ で正則になることが示される．当然 $F(w)$ は $f(F(w))=w$, $(|w-\gamma|<\rho)$ を満たしており，$z=\alpha$ の近傍における $f(z)$ の逆関数と呼ばれる．

例 7.12[*] 複素関数 $f(z)$ は単一閉曲線 C で囲まれる領域 D で正則であるとし，単一閉曲線 C の w 平面における像（閉曲線となる）を Γ とおく．曲線 Γ が単一閉曲線なら，D は Γ の内部からなる領域 Δ に 1 対 1 に写される．このとき $f(z)$ は領域 D を領域 Δ の上へ**単葉に写像する**という（**ダルブー** (Darboux) **の定理**）．

この事実を証明してみよう．単一閉曲線 C を $z(t)$ ($a \leq t \leq b$) とおけばその $f(z)$ による像 Γ は $w(t)=f(z(t))$ ($a \leq t \leq b$) で表すことができる．Γ 上にない任意の点を η とすれば，領域 D 内における $f(z)$ の η 点の個数は偏角の原理により

$$\frac{1}{2\pi i}\int_C \frac{f'(z)}{f(z)-\eta}dz = \frac{1}{2\pi i}\int_a^b \frac{f'(z)}{f(z)-\eta}\frac{dz}{dt}dt = \frac{1}{2\pi i}\int_a^b \frac{1}{w-\eta}\frac{dw}{dt}dt$$
$$= \frac{1}{2\pi i}\int_\Gamma \frac{dw}{w-\eta} = w(\eta,\Gamma) \tag{7.34}$$

で与えられる．ここで仮定より Γ は単一閉曲線であるから，回転指数 $w(\eta,\Gamma)$ の値は $\eta \in \Delta$ なら 1 で $\eta \notin \Delta$ なら 0 である．したがって，$f(z)$ は Δ に属する各値を D において 1 回だけとり，Γ の外部の値をとることはない．さらに $f(z)$ が D の点 α を Γ 上の点に写すならば，$f(z)$ が開写像であることより α の近傍

の像は $f(z) \in \Gamma$ の近傍を埋め尽くしてしまう．これは $f(z)$ ($z \in D$) が Δ の外部の値をとらないという事実に反する．よって $f(z)$ ($z \in D$) が Γ 上の値をとることもない．よって $f(z)$ ($z \in D$) は Δ の上へ1対1に写される．

練 習 問 題

7.1 $f(z) = 1/\sin z$ のすべての孤立特異点を見い出し，そこでの留数を求めよ．

7.2 次の関数の上半平面にある孤立特異点（実は極）をすべて見い出し，そこでの留数を求めよ（練習問題 7.9 参照）．
(1) $\dfrac{1}{z^4 + a^4}$ ($a > 0$) (2) $\dfrac{1}{z^4 + z^2 + 1}$ (3) $\dfrac{z^2 - z + 2}{z^4 + 10z^2 + 9}$

7.3 次の関数の上半平面にある孤立特異点（実は極）をすべて見い出し，そこでの留数を求めよ（練習問題 7.10, 7.11 参照）．
(1) $\dfrac{z^2}{(z^2 + 2z + 2)^2}$ (2) $\dfrac{1}{(z^2 + 1)^3}$ (3) $\dfrac{1}{(z^2 + a^2)(z^2 + b^2)}$ ($a, b > 0$)

7.4 次の関数の孤立特異点（実は極）をすべて見い出し，そこでの留数を求めよ（練習問題 7.13, 7.14 参照）．
(1) $\dfrac{e^{iaz}}{(z^2 + b^2)^2}$ ($a, b > 0$) (2) $\dfrac{ze^{iz}}{z^2 - 3z + 2}$ (3) $\dfrac{e^{iz}}{z(z^2 - a^2)}$ ($a > 0$)

7.5 $g(z) = \dfrac{2z^4}{(z+1)^2(z^2+1)}$ について，(1) $r > 1$ のとき $\displaystyle\int_{S_r} g(z)\,dz$ を留数定理により求めよ．(2) 次に $\mathrm{Res}(\infty, g) = 4$ であること用いて，同じ積分を計算し，それが先の結果と一致することを確かめよ．

7.6 (1) 複素関数 $f(z) = \dfrac{z^2}{(z+1)(z-2)^2}$ の無限遠点における留数を求めよ．
(2) $r > 0$, $r \neq 1, 2$ として $\displaystyle\int_{S_r} f(z)\,dz$ の値を求めよ．

7.7 (1) $\displaystyle\int_0^{2\pi} \dfrac{d\theta}{a + b\sin\theta}$ ($0 < b < a$) (2) $\displaystyle\int_0^{2\pi} \dfrac{d\theta}{(a + b\cos\theta)^2}$ ($0 < b < a$)

7.8 (1) $\displaystyle\int_0^{2\pi} \dfrac{d\theta}{1 - 2a\cos\theta + a^2}$ ($0 < a < 1$) (2) $\displaystyle\int_0^{\pi} \dfrac{\cos n\theta\, d\theta}{1 - 2a\cos\theta + a^2}$ ($a > 0$)

7.9 (1) $\displaystyle\int_0^{\infty} \dfrac{dx}{x^4 + a^4}$ ($a > 0$) (2) $\displaystyle\int_0^{\infty} \dfrac{dx}{x^4 + x^2 + 1}$
(3) $\displaystyle\int_{-\infty}^{\infty} \dfrac{x^2 - x + 2}{x^4 + 10x^2 + 9}\,dx$

7.10 (1) $\displaystyle\int_{-\infty}^{\infty} \dfrac{dx}{(x^2 + 4x + 5)^2}$ (2) $\displaystyle\int_{-\infty}^{\infty} \dfrac{x^2}{(x^2 + 2x + 2)^2}\,dx$

(3) $\int_{-\infty}^{\infty} \dfrac{dx}{(x^2+1)^3}$

7.11 $\int_{-\infty}^{\infty} \dfrac{dx}{(x^2+a^2)(x^2+b^2)^2}$ $(a, b > 0)$

7.12 (1) $\int_{-\infty}^{\infty} \dfrac{x \cos \pi x}{x^2+2x+5} \, dx$ (2) $\int_{-\infty}^{\infty} \dfrac{x \sin \pi x}{x^2+2x+5} \, dx$

7.13 $\int_{0}^{\infty} \dfrac{\cos ax}{(x^2+b^2)^2} \, dx$ $(a, b > 0)$

7.14 次の主値積分を求めよ．
(1) P.V. $\int_{-\infty}^{\infty} \dfrac{x \cos x}{x^2 - 3x + 2}$ (2) P.V. $\int_{0}^{\infty} \dfrac{\sin x}{x(x^2 - a^2)}$

7.15 $f(z) = \dfrac{(z+3)^2(z^2+1)^3}{(z^2+2z+2)^4}$ とし，C を円 $|z|=2$ とするとき，積分 $\dfrac{1}{2\pi i} \int_C \dfrac{f'(z)}{f(z)} dz$ を求めよ．

7.16 C を円 $|z|=3$ とするとき，次の関数について $\dfrac{1}{2\pi i} \int_C \dfrac{f'(z)}{f(z)} dz$ を求めよ．
(1) $f(z) = \sin z$ (2) $f(z) = \cos z$ (3) $f(z) = \tan z$

7.17 $f(z) = \dfrac{(z^2+1)^3}{z^2+2z+2}$ とし，C を円 $|z|=2$ とするとき，積分 $\dfrac{1}{2\pi i} \int_C z^2 \dfrac{f'(z)}{f(z)} dz$ を求めよ．

7.18 次の方程式の単位円 $|z|=1$ の内部に含まれる解の個数を求めよ．また原点中心でどの程度の整数半径の円を考えれば，方程式の解がすべてその円の内部に含まれるようになるかを考えよ．
(1) $z^5 - z^3 + 2z^2 + 5 = 0$ (2) $z^5 - 4z^3 + z^2 - 1 = 0$

7.19 4 次方程式 $z^4 + z^3 + 1 = 0$ は第一象限にちょうど一つ解をもつことを示せ．（ヒント：十分大きい半径 R の円をとれば $z^4 + z^3 + 1 = 0$ の解は $|z| \geq R$ には存在しないから，そのような R に対して単一閉曲線 C として (i) まず実軸上を原点から $z = R$ まで進み，(ii) 次に $z = R$ から $z = Ri$ まで円周を反時計回りに 1/4 周まわり (iii) 最後に $z = Ri$ から原点に戻るものをとる．そのとき第一象限にある $f(z) = z^4 + z^3 + 1$ の零点は $\dfrac{1}{2\pi} \int_C d \arg f(z)$ で与えられる．）

7.20 $|\alpha| > e$ ならば，方程式 $e^z = \alpha z^n$ は $|z| < 1$ で n 個の解をもつことを示せ．

7.21 $f(z) = z^2 + 2z + 3$ は $|z| < 1$ で単葉であることを示せ．

関連図書

[1] L. V. Ahlfors, *Complex Analysis, An introduction to the theory of Analytic Functions of One Variables*, 3rd. ed., McGraw-Hill(1979)
日本語訳：L.V. アールフォルス 著，笠原乾吉 訳 『複素解析』 現代数学社 1981 年

[2] 吉田洋一 著 『函数論』 第 2 版 (岩波全書) 岩波書店 1965 年

[3] 藤本淳夫 著 『複素解析学概説』 改訂版 培風館 1990 年

[4] 辻正次・小松勇作 他編 『大学演習関数論』 裳華房 1959 年

[5] M. R. Spiegel, *Theory and Problems of Complex Variables*, Schaum's Outline Series, McGraw-Hill(1964)
日本語訳：M. R. スピーゲル 著，石原宗一 訳 『複素解析』 オーム社 1995 年

　[1], [2] については序文ですでに述べた．本書を読まれた後さらに進んで読むべき名著である．[3] は本書とよく似た構成の工学部向けの教科書で，本書より簡潔に書かれており，本書を書く際に構成の点で参考にさせていただいた．演習書としては [4],[5] を挙げる．前者はやや数学者向けではあるが，日本の代表的な演習書で，多くの古典的な結果が問題の一部として述べられている．後者は関数論を応用する人のための演習書の一つである．

問題解答

第 1 章

問題 1.1 (1.3),(1.4),(1.5) を用いれば容易に示される．たとえば $\overline{(\alpha\beta)} = \bar{\alpha}\bar{\beta}$ を示すには，$\alpha = a+bi$, $\beta = c+di$ とおけば，$\bar{\alpha} = a-bi$, $\bar{\beta} = c-di$ であるから (1.4) により，

$$\bar{\alpha}\bar{\beta} = (ac-bd) + (-ad-bc)i = (ac-bd) - (ad+bc)i = \overline{(\alpha\beta)}$$

が得られる．他もまったく同様である．

問題 1.2 $\alpha = a+bi$ $(a,b \in \mathbb{R})$ とし，$z = x+yi$ とおく．$\alpha = a+bi = z^2 = (x^2-y^2) + 2xyi$ となる複素数 z を求めればよい．実部と虚部を比較して，$a = x^2 - y^2$, $b = 2xy$ となる．いま $b = 0$ の場合は α は実数となるから，その場合は除外して，$b = 2xy \neq 0$ と仮定する．その場合 $y = \dfrac{b}{2x}$ を $a = x^2 - y^2$ へ代入して整理すると，方程式 $x^4 - ax^2 - \dfrac{b^2}{4} = 0$ が得られる．$x^2 > 0$ であることに注意すれば，$x^2 = \dfrac{a + \sqrt{a^2+b^2}}{2} > 0$ が得られる．これより $x = \pm\sqrt{\dfrac{a + \sqrt{a^2+b^2}}{2}}$ を得る．次に $y = \dfrac{b}{2x}$ より $y = \pm\sqrt{\dfrac{-a + \sqrt{a^2+b^2}}{2}}$ (複号同順) となる．以上で二つの解 $z = x+yi$ が得られ，一方の解を $z = \beta$ とおけば，もう一方は明らかに $z = -\beta$ となっている．

問題 1.3 前者は明らかなので，後者を示す．$\alpha = a+bi$ とおけば，$\bar{\alpha} = a-bi$ であるから複素数の乗法の定義より直ちに $\alpha\bar{\alpha} = (a+bi)(a-bi) = a^2 + b^2 = |\alpha|^2$ を得る．

問題 1.4 (1) まず (i)$|\alpha| \geq |\beta|$ の場合を考える．$\alpha = (\alpha - \beta) + \beta$ であるから，不

等式 (1.16) より $|\alpha| \le |\alpha - \beta| + |\beta|$ が成り立つ．ここで $|\beta|$ を左辺に移行すれば (1.17) が得られる．(ii)$|\alpha| < |\beta|$ の場合は，$\beta = (\beta - \alpha) + \alpha$ であることに注意して不等式 (1.16) を用いればまったく同様である．
(2) $\alpha = a + bi, \beta = c + di$ とおけば，$|\alpha + \beta|^2 = (a+c)^2 + (b+d)^2 = a^2 + b^2 + c^2 + d^2 + 2(ac+bd)$ である．ここでシュワルツの不等式

$$(ac+bd)^2 \le (a^2+b^2)(c^2+d^2)$$

を用いれば，

$$|\alpha+\beta|^2 \le a^2+b^2+c^2+d^2+2\sqrt{a^2+b^2}\sqrt{c^2+d^2}$$
$$= |\alpha|^2 + |\beta|^2 + 2|\alpha||\beta| = (|\alpha|+|\beta|)^2$$

を得る．シュワルツの不等式を証明するには恒等式 $(a^2+b^2)(c^2+d^2) - (ac+bd)^2 = (ad-bc)^2$ に注意すればよい．

問題 1.5 (1) A が開集合であると仮定して，$B = A^c$ が閉集合であることを示す．そのためには B がすべての境界点を含むことをいえばよい．$\beta \in \partial B$ と仮定する．そのとき β の任意の ϵ 近傍は $B = A^c$ の点と $(B^c)^c = A$ の点を含む．ここで，A は開集合であるから β は A の点ではありえない．よって $\alpha \in A^c = B$ である．次に B が閉集合であると仮定して，$A = B^c$ が開集合であることを示す．$\alpha \in A = B^c$ とする．α は B の境界点ではないので α の適当な ϵ 近傍 $V(\alpha, \epsilon)$ は A または B に含まれる．ところが α は A の点だから $V(\alpha, \epsilon) \subset A$ でなければならない．よって A は開集合である．
(2) A_λ を開集合として $A = \bigcup_\lambda A_\lambda$ が開集合であることを示す．α を A の任意の点とする．そのとき合併集合の定義からある λ について $\alpha \in A_\lambda$ である．A_λ は開集合であるから，十分小さい ϵ をとれば $V(\alpha, \epsilon) \subset A_\lambda \subset A$ となる．よって A は開集合である．次に A_i $(i = 1, \ldots, n)$ を開集合としてその共通部分を B とおく．B が開集合であることを示そう．β を B の任意の点とする．すなわち $\beta \in A_i (i = 1, \ldots n)$ とする．各 A_i は開集合だから各 i について十分小さな ϵ_i をとれば，$V(\beta, \epsilon_i) \subset A_i$ である．ここで $\epsilon_i (i = 1, \ldots, n)$ のなかで最も小さいものを ϵ とおけば，$V(\beta, \epsilon) \subset \bigcap A_i = B$ である．よって B は開集合である．次に開集合の無限個の共通部分が必ずしも開集合とならない例を挙げよう．$V_n = V(0, 1 + \dfrac{1}{n}) (n = 1, 2, \ldots)$ とおく．各 V_n は開集合である．ところが $\bigcap_{n=1}^\infty V_n = \{z | |z| \le 1\} = \bar{V}(0, 1)$ となりこれは閉集合である．同様な考え方で，閉集合 F_λ の任意個数の共通部分および，有限個の合併集合がまた閉集合となることを証明することができる．
(3) ∂A は $\bar{A}$ の点であるが，A^o には属していない点の集まりである．すなわち $\partial A = \bar{A} \cap (A^o)^c$ と書くことができる．ここで $\bar{A}$ および $(A^o)^c$ が閉集合であることに注意すれば，(2) の解答の最後で述べた注意より ∂A は閉集合となる．

問題 1.6 まず明らかに集合 A の境界点は A の集積点であることに注意する．次に定義より，A の境界点ではない A の集積点は A の内点となる．以上二つの事実を併せれば問題の主張は明らかである．

問題 1.7 F をコンパクト集合とする．F が有界集合であることは明らかである．なぜなら，たとえば F の各点 z にその点を中心とする半径 1 の円の内部 $V(z,1)$ を対応させれば，これらの全体は F の開被覆となる．F はコンパクトだからそのうちの有限個の $V(z_i,1)$, $i=1,\ldots,n$ が F を覆うから，F は有界集合である．次に F が閉集合であることを示そう．この部分の証明はすこし技巧的で難しい．そのためには $G = F^c$ とおいて G が開集合であることを示せばよい．$\alpha \in G$ を任意に固定する．そのとき F の各点 z に対して，z を含む開集合 V_z および α を含む開集合 U_z であって $V_z \cap U_z = \emptyset$ となるものが存在する．そこで V_z の全体を考えれば，明らかにこれらは F の開被覆となる．よって F のコンパクト性よりそのうちの有限個 $V_i = V_{z_i}$ $(i=1,\ldots,n)$ が F を覆う．そこで $U = \bigcup_{i=1}^n U_{z_i}$ とおけば，U は α を含む開集合で F とは共通部分をもたないので $U \subset F^c = G$ である．すなわち任意の $\alpha \in G$ に対して α を含む開集合 U で $U \subset G$ となるものが構成できた．よって G は開集合であり，したがって F は閉集合となる．

第 2 章

問題 2.1 $f(z) = u(x,y) + iv(x,y)$ とおく．$z = x + yi, \alpha = a + bi$ とすれば，3 角不等式により $|x-a| + |y-b| \leq |z-\alpha| \leq \max\{|x-a|, |y-b|\}$ であるから，$z \to \alpha$ であることは $x \to a, y \to b$ と同値である．まったく同様に考えて，$z \to \alpha$ の下で $f(z) \to f(\alpha)$ であることは，$u(x,y) \to u(a,b), v(x,y) \to v(a,b)$ であることと同値になる．以上の事実により題意が成り立つことは明らかである．

問題 2.2 いま U, V を w 平面の開集合として，$f(A) \subset U \cup V$ と仮定する．そのとき $U \cap f(A) = \emptyset$ または $V \cap f(A) = \emptyset$ であることを示せば，$f(A)$ の連結性が示されたことになる．$A_1 = f^{-1}(U), A_2 = f^{-1}(V)$ とおけば，f の連続性によって A_1, A_2 は z 平面の開集合であり，明らかに $A \subset A_1 \cup A_2$ である．ところが，A は連結集合であるから，$A_1 \cap A = \emptyset$ または $A_2 \cap A = \emptyset$ となる．たとえば $A_1 \cap A = \emptyset$ とすれば $U \cap f(A) = \emptyset$ となる．

問題 2.3 $u(x,y)$ が全微分可能なことを示すには，(2.12) と (2.14) により

$$\frac{ph - qk}{\sqrt{h^2 + k^2}} \to 0 \quad (h, k \to 0)$$

を示せばよい．実際 $\left|\dfrac{ph}{\sqrt{h^2+k^2}}\right| \leq |p| \to 0 \,(h,k \to 0)$ および $\left|-\dfrac{qk}{\sqrt{h^2+k^2}}\right| \leq$

$|q| \to 0 \, (h, k \to 0)$ により必要な結果が示される．$v(x,y)$ の全微分可能性についてもまったく同様である．

問題 2.4 $f(z)$ の実部は $u(x,y) = \sqrt{|xy|} \, (z = x+iy)$ で，虚部は $v(x,y) = 0$ である．定義より $u_x(0,0) = 0, u_y(0,0) = 0$ であるから，原点ではコーシー・リーマンの関係式が満たされる．しかし $\dfrac{f(z) - 0}{z - 0}$ の $z \to 0$ の極限を計算する際，たとえば直線 $y = x$ にそって z を原点に近づければ，$\displaystyle\lim_{h \to \pm 0} \dfrac{\sqrt{h^2} - 0}{h + hi} = \pm \dfrac{1}{1+i}$ となり，0 には収束しないので $f(z)$ は原点では微分可能ではないことがわかる．実は $u(x,y)$ は原点で偏微分可能であるが，全微分可能ではない．実際 $u(h,k) = 0 \cdot h + 0 \cdot k + \sqrt{h^2 + k^2} \, \dfrac{\sqrt{|hk|}}{\sqrt{h^2 + k^2}}$ と書けば，$h, k \to 0$ のとき $\dfrac{\sqrt{|hk|}}{\sqrt{h^2 + k^2}} \to 0$ とは限らないので $u(x,y)$ は原点で全微分可能ではない．したがって，$f(z)$ は原点 $z = 0$ で微分可能ではないと結論づけてもよい．

問題 2.5 証明は実変数の場合とまったく同様である．たとえば，以下のようにすればよい．まず n が正の整数の場合を考える．$z - \alpha = \gamma$ とおけば 2 項定理により $z^n = (\alpha + \gamma)^n = \alpha^n + n\alpha^{n-1}\gamma + \dfrac{n(n-1)}{2}\alpha^{n-2}\gamma^2 + \cdots + \gamma^n$ であるから，$\dfrac{z^n - \alpha^n}{z - \alpha} = n\alpha^{n-1} + \dfrac{n(n-1)}{2}\alpha^{n-2}\gamma + \cdots + \gamma^{n-1}$ を得る．ここで $z \to \alpha$ すなわち $\gamma \to 0$ とすれば，極限として $f'(\alpha) = n\alpha^{n-1}$ を得る．$n = 0$ のときは明らかである．n が負の整数の場合は $n = -m$ とおけば，m は正の整数であり $f(z) = 1/z^m$ であるから，商の微分の公式 (2.10) を用いれば，$f'(z) = -mz^{m-1}/z^{2m} = -mz^{-m-1}$ を得る．したがって，$n = -m$ の場合も公式が成り立っていることがわかる．

問題 2.6 $\mathrm{Re}\, f(z) = u(x,y) = xy, \mathrm{Im}\, f(z) = v(x,y) = 0$ である．$u(x,y), v(x,y)$ は全平面で連続な導関数をもつが，原点 $z = 0$ 以外ではコーシー・リーマンの関係式を満たさない．よって $f(z) = xy$ は原点で微分可能であるが，正則ではない．

問題 2.7 $F(x,y)$ は連続関数だから，集合 $\{(x,y) \in D \mid F(x,y) = c\}$ は D に含まれる閉集合となる．したがって $F(x,y) \neq c$ となる $(x,y) \in D$ 全体は，D に含まれる開集合となる．

問題 2.8 (1) $U(x,y) = v(x,y)$ とおけば，$U_x = v_x = -u_y$ および $U_y = v_y = u_x = -(-u_x)$ であるから，$U(x,y)$ に共役な調和関数は $-u(x,y)$ である．
(2) $u(x,y)$ に共役な調和関数を $v_1(x,y), v_2(x,y)$ とする．そのとき，$v(x,y) = v_1(x,y) - v_2(x,y)$ とおけば，コーシー・リーマンの関係式から $v(x,y)$ は領域 D において $v_x = v_y = 0$ を満たす．よって $v(x,y)$ は D で定数である．

第3章

問題 3.1 不等式 (1.2) の左半分により, $n \to \infty$ のとき $\alpha_n \to \alpha$ なら $a_n \to a, b_n \to b$ が出る. 一方, 不等式の右半分により, $a_n \to a, b_n \to b$ なら $\alpha_n \to \alpha$ を得る.

問題 3.2 複素数列 $\{\alpha_n\}$ が絶対収束すると仮定する. 定理 3.2 によれば, 数列 $\{\alpha_n\}$ が収束するためには, この数列がコーシー列であればよい. $n > m$ に対して, 3 角不等式により

$$|\alpha_{m+1} + \alpha_{m+2} + \cdots + \alpha_n| \leq |\alpha_{m+1}| + |\alpha_{m+2}| + \cdots + |\alpha_n|$$

である. 絶対収束の仮定により, 上の不等式の右辺は $m, n \to \infty$ では限りなく小さくなる. したがって, 左辺も限りなく小さくなり, $\{\alpha_n\}$ はコーシー列となることがわかる.

問題 3.3 $a_n > 0$ であることに注意すれば, 2 項定理により $n = (1 + a_n)^n = 1 + na_n + \dfrac{n(n-1)}{2}a_n^2 + \cdots \geq \dfrac{n(n-1)}{2}a_n^2$ であるから, これより $a_n^2 \leq \dfrac{2}{n-1}$ が得られる. よって, 不等式 $a_n \leq \sqrt{2/(n-1)}$ が従う. 上で示した不等式より, $n \to \infty$ で $a_n \to 0$ であることがわかる. よって $n \to \infty$ で $\sqrt[n]{n} \to 1$ であることがわかる.

問題 3.4 (1) ベキ級数の係数 c_n は $n = k^2$ のとき $c_n = 1$ で, それ以外の n に対しては $c_n = 0$ である. これより, 収束半径は 1 であると予想できる. 実際, $|z| < 1$ ならこの無限級数は絶対収束するから収束し, 一方, $|z| > 1$ なら発散することも明らかである. よって収束半径は 1 である. 定義より $|c_n|$ の上極限が 1 となるから, コーシー・アダマールの公式によって収束半径は 1 であるとしてもよい.
(2) 第 1 項の z に関するベキ級数の収束域は $|z| > 1$ であり, 第 2 項の $1/z$ に関するベキ級数の収束域は $|1/z| < 1$ すなわち $|z| > 1$ である. よって二つのベキ級数が共通に収束して意味をもつ z は存在せず, $\sum_{n=-\infty}^{\infty} z^n$ を計算する意味はない.

問題 3.5 問題 3.8(1) 参照. $f(x) = \cos x$ とおけば, $f^{(n)}(x) = \cos(x + n\pi/2)$ であるから, $f^{(n)}(0)$ は n が奇数のとき 0 で, 偶数のとき $n = 2m$ とおけば $(-1)^m$ となる. したがって, 定理 3.15 の系 3.4 より, 形式的に (3.20) の第 1 式の右辺が得られる. この右辺のベキ級数の収束半径は, 容易にわかるように ∞ であるから, (3.20) の第 1 式は任意の x について成り立つ. まったく同様に, $g(x) = \sin x$ とおけば, $g^{(n)}(x) = \sin(x + n\pi/2)$ であるから, $g^{(n)}(0)$ は n が偶数のとき 0 で, 奇数のとき $n = 2m + 1$ とおけば $(-1)^m$ となる. これより, 上記とまったく同様の議論で, (3.20) の第 2 式が任意の x について成り立つことがわかる.

問題 3.6 定義 (3.21) の無限級数を項別に微分する. $\dfrac{d}{dz}\dfrac{z^k}{k!} = \dfrac{z^{k-1}}{(k-1)!}$ $(k \geq 1)$ に

注意すれば，容易に確かめられる．

問題 3.7 (1) $z_1 = x_1 + iy_1$, $z_2 = x_2 + iy_2$ とおく．そのとき指数関数の定義として (3.26) を採用すれば，

$$e^{z_1}e^{z_2} = e^{x_1}e^{x_2}(\cos y_1 + i\sin y_1)(\cos y_2 + i\sin y_2)$$
$$= e^{x_1}e^{x_2}(\cos y_1 \cos y_2 - \sin y_1 \sin y_2 + i\cos y_1 \sin y_2 + i\sin y_1 \cos y_2)$$

および $e^{z_1+z_2} = e^{x_1+x_2}(\cos(y_1+y_2) + i\sin(y_1+y_2))$ が得られる．ここで前者に 3 角関数に関する加法定理

$$\cos(y_1 + y_2) = \cos y_1 \cos y_2 - \sin y_1 \sin y_2,$$
$$\sin(y_1 + y_2) = \sin y_1 \cos y_2 + \cos y_1 \sin y_2$$

を適用すれば，

$$e^{z_1}e^{z_2} = e^{x_1+x_2}(\cos(y_1+y_2) + i(\sin(y_1+y_2))$$

となるから，後者に等しくなり，指数関数に対する加法定理が示される．
(2) (3.26) より $z = x + iy$ とおけば $e^{z+2n\pi i} = e^x(\cos(y+2n\pi) + i\sin(y+2n\pi))$ であるから，(実の)3 角関数の周期性より，指数関数の周期性が従う．

問題 3.8 (1) 問題 3.5 参照．(3.27) について考える．$w = z^2$ とおくと，(3.27) の右辺は $\sum_{m=0}^{\infty} (-1)^m \dfrac{w^m}{(2m)!}$ である．これを w に関する無限級数と考える．そのとき w に関する収束半径を求めるには，まず例 3.6 とまったく同様に考えて，$\lim_{m \to \infty}(2m+2)(2m+1) = \infty$ であることから，ダランベールの定理 (定理 3.13) によって，w に関する収束半径が ∞ となる．よって，$|w| < \infty$，すなわち $|z| < \infty$ で (3.27) が収束する．したがって，z に関する収束半径は ∞ となる．(3.28) については，右辺の無限級数の各項を z で割った級数を考えれば，その無限級数の収束半径は (3.27) の場合とまったく同様に考えて，∞ となる．したがって，(3.28) の右辺の級数の収束半径も ∞ であることがわかる．
(2) 定義 (3.27),(3.28) に現れる右辺の無限級数を項別に微分すれば，問題 3.6 とまったく同様にして結論が示される．

問題 3.9 (1) 問題 3.7(2) で示したことにより，$e^{\pm i(z+2n\pi)} = e^{\pm iz \pm 2n\pi i} = e^{\pm iz}$ が得られる．これと (3.29) を用いればよい．
(2) (3.29) により，$\cos^2 z = \dfrac{e^{2iz} + 2 + e^{-2iz}}{4}$, $\sin^2 z = -\dfrac{e^{2iz} - 2 + e^{-2iz}}{4}$ を得る．これより直ちに $\cos^2 z + \sin^2 z = 1$ を得る．

(3) 考え方はまったく同じであるから，余弦の加法定理だけを証明しよう．(3.29) を用いれば，

$$\cos z_1 \cos z_2 - \sin z_1 \sin z_2$$
$$= \frac{e^{iz_1}+e^{-iz_1}}{2}\frac{e^{iz_2}+e^{-iz_2}}{2} - \frac{e^{iz_1}-e^{-iz_1}}{2i}\frac{e^{iz_2}-e^{-iz_2}}{2i}$$

であるから，これを展開して整理すれば，

$$\frac{e^{i(z_1+z_2)}+e^{i(z_1-z_2)}+e^{i(z_2-z_1)}e^{-i(z_1+z_2)}}{4}$$
$$+ \frac{e^{i(z_1+z_2)}-e^{i(z_1-z_2)}-e^{i(z_2-z_1)}+e^{-i(z_1+z_2)}}{4}$$
$$= \frac{e^{i(z_1+z_2)}+e^{-i(z_1+z_2)}}{2}$$

が得られるが，これは (3.29) の第 1 式により $\cos(z_1+z_2)$ である．

第 4 章

問題 4.1 C_1 のパラメータ表示を $z_1(t)$, $a_1 \leq t \leq b_1$ とし，C_2 のパラメータ表示を $z_2(t)$, $a_2 \leq t \leq b_2$ とおく．$z_1(b_1) = z_2(a_2)$ と仮定する．そのとき曲線 $C = C_1 + C_2$ のパラメータ τ を C_1 上の点 $z_1(t)$, $a_1 \leq t \leq b_1$ に対して，$\tau = a + \dfrac{b-a}{b_1-a_1}(t-a_1)$ とおき，C_2 上の点 $z_2(t)$, $a_2 \leq t \leq b_2$ に対しては，$\tau = b + \dfrac{c-b}{b_2-a_2}(t-a_2)$ とおく．そのとき $z(\tau)$ を $a \leq \tau \leq b$ に対しては $z(\tau) = z_1(t)$ とおけば，$z(\tau)$ は $a \leq \tau \leq b$ のとき C_1 上を $z_1(a_1)$ から $z_1(b_1)$ まで動き，$b \leq \tau \leq c$ に対しては $z(\tau) = z_2(t)$ とおけば，$z(\tau)$ は $b \leq \tau \leq c$ のとき $z_2(a_2)$ から $z_2(b_2)$ までを動く．よって必要なパラメータ表示が得られた．

問題 4.2 たとえば $\int_C p(x,y)dx$ がパラメータのとり方によらずに定まることを示せばよい．曲線 C の他のパラメータを s として，$t = t(s)$ $(c \leq s \leq d)$ とおく．そのとき（1 変数の）積分の変数変換の公式により

$$\int_C p(x,y)dx = \int_a^b p(x(t),y(t))\frac{dx}{dt}dt = \int_c^d p(x(t(s)),y(t(s)))\frac{dx}{dt}\frac{dt}{ds}$$

が成り立つから，線積分は曲線のパラメータのとり方にはよらない．

問題 4.3 $-C$ のパラメータとして $\tau = b + a - t$ をとることができる．そのときパラメータ τ を $a \leq \tau \leq b$ の範囲で動かせば $z(\tau)$ は C の終点から始点に向かって進

む．そのとき

$$\int_{-C} p(x,y)dx = \int_a^b p(x(a+b-\tau), y(a+b-\tau))\frac{dx}{d\tau}d\tau$$
$$= \int_b^a p(x(t), y(t))(-\frac{dx}{dt})(-dt) = -\int_C p(x,y)dx.$$

となり，題意が示される．

問題 4.4 (1) パラメータの変換 $t = t(\tau)$ ($c \le \tau \le d$) を行う．ただし $\frac{dt}{d\tau} > 0$ とする．そのとき $\frac{dz}{d\tau} = z'(t)\frac{dt}{d\tau}$ であるから，$\left|\frac{dz}{d\tau}\right| = |z'(t)|\frac{dt}{d\tau}$ であることがわかる．よって置換積分により $\int_a^b |f(z)||z'(t)|dt = \int_c^d |f(t(\tau))|\left|\frac{dz}{d\tau}\right|d\tau$ が得られる．これは積分 (4.20) がパラメータのとり方によらないことを示している．
(2) 不等式 (4.21) と $|f(z)| \le M$ を用れば，

$$\left|\int_C f(z)dz\right| \le \int_C |f(z)||dz| \le M\int_C |dz| = ML$$

を得る．

第 5 章

問題 5.1 $c_n = 1/n$ であるから，たとえば，$|c_{n+1}/c_n| = n/(n+1) \to 1(n \to \infty)$ に注意して，ダランベールの定理（定理 3.13）を用いれば，このベキ級数の収束半径は 1 であることがわかる．$\sqrt[n]{1/n} \to 1(n \to \infty)$ であることに注意して，コーシーの定理（定理 3.14）を用いてもよい．

問題 5.2 $f(\alpha) \ne 0$ となる $\alpha \in D$ が存在すれば，$f(z)$ の連続性により ϵ を十分小さく選べば，$V(\alpha, \epsilon)$ において $f(z) \ne 0$ であるようにできる．そのとき，$f(z)g(z) = 0$ であるから，$V(\alpha, \epsilon)$ において $g(z) = 0$ である．したがって一致の定理より，D の各点で $g(z) = 0$ であることがわかる．

問題 5.3 (1) $C_R : |z - c| = R$ とする．そのとき，C_R 上では $z = c + Re^{i\theta}$ であるから，

$$\frac{1}{2\pi i}\int_{C_r}\frac{f(z)}{z-c}dz = \frac{1}{2\pi i}\int_0^{2\pi}\frac{f(c+Re^{it})iRe^{i\theta}}{Re^{i\theta}}d\theta = \frac{1}{2\pi}\int_0^{2\pi}f(c+Re^{i\theta})d\theta$$

であることがわかる．この結果とコーシーの積分表示式により，(5.14) が従う．

(2) 考えている領域 D で $|f(z)| \leq M$ であるから，$c \in D$ に対して，R を十分小さくとれば，$\{z \mid |z-c| \leq R\} \subset D$ とできるから，(1) の結果より，

$$|f(c)| = \frac{1}{2\pi}\left|\int_0^{2\pi} f(c+Re^{i\theta})\,d\theta\right| \leq \frac{1}{2\pi}\int_0^{2\pi} |f(c+Re^{i\theta})|\,d\theta \leq M$$

が成り立つ．いま，$|f(c)| = M$ と仮定すると，先の不等式で，すべて等号が成り立ち，$f(z)$ は $C_R: |z-c| = R$ 上で恒等的に $f(z) = M$ を満たす．ここで，R は C_R が領域に含まれている限り任意であるから，$f(z)$ は $z = c$ を含む適当な開円板内で恒等的に $f(z) = M$ を満たすことになる．したがって，$f(z) = M$ となる z のなす集合 U は開集合となる．一方，U は $f(z) - M$ の零点集合だから，考えている領域 D とある閉集合の共通部分として表される．よって，$f(z) \neq M$ を満たす $z \in D$ の全体からなる集合 V は開集合となる．$U \cup V = D$ であり，仮定から $U \neq \emptyset$ であるから，領域の連結性によって $U = D$ を得る．すなわち，D 全体で $f(z) = M$ が成り立つ．

問題 5.4 原点中心で半径 r の円周を C_r とおく．$f(z)$ は $|z| \leq r$ を含む領域で正則であるから，そのマクローリン展開を $f(z) = \sum_{n=0}^{\infty} c_n z^n$ とおくと，$c_n = f^{(n)}(0)/n!$ である．コーシーの評価式と仮定を用いれば，$|c_n| \leq \dfrac{M(r)}{r^n} \leq \dfrac{Kr^N}{r^n} = Kr^{N-n}$ を得る．K は r によらない定数であり，r は任意であることに注意すれば，$n > N$ に対しては $c_n = 0$ でなければならないことがわかる．すなわち，$f(z)$ は高々 N 次の多項式になる．

第 6 章

問題 6.1 極限値 $\lim_{z \to c} f(z)$ が存在することから，十分小さい $\epsilon > 0$ を選べば，$V(c,\epsilon)$ において $f(z)$ は有界となる．したがって，リーマンの定理により $z = c$ は除去可能な特異点である．

問題 6.2 領域 D で有理型な関数 $f(z)$ が $z = c$ で k 位の極をもてば，(6.10) より $f(z) = \dfrac{F(z)}{(z-c)^k}$ と書ける．ここで，適当な $R > 0$ を選べば $F(z)$ は $|z-c| < R$ で正則で，$F(c) \neq 0$ である．したがって，$f(z)$ は $z = c$ の近傍では $z = c$ を除いて正則．よって，極は孤立点となり，D の内部に集積点をもたない．

問題 6.3 容易であるから省略する．

問題 6.4 複素関数 $f(z)$ の極の集積点 α は正則点ではありえない．なぜなら，$f(z)$ が $z = \alpha$ で正則なら，$z = \alpha$ の十分小さな近傍で微分可能（正則）となり，α の任意の近傍に $f(z)$ の極があることと矛盾するから．問題 6.2 の結果より極は孤立点であるから，極の集積点が極になることはない．以上により $z = \alpha$ は真性特異点である．

問題 6.5　$z = \alpha$ が $f(z)$ の真性特異点であるとする．そのとき $z = \alpha$ は $g(z) = 1/f(z)$ の真性特異点でもある．したがって，$\gamma = 0$ として，定理を $g(z)$ の真性特異点 α に当てはめれば，α に収束する点列 z_n で $g(z_n) \to 0$ となるものがある．そのとき，$f(z_n) \to \infty$ となるから，$\gamma = \infty$ に対して $f(z_n) \to \gamma$ となる点列 z_n をみつけることができた．

第7章

問題 7.1　$m = n+1$ であるから，

$$F(z) = P(z)/Q(z) = \frac{\alpha_n z^n + \cdots + \alpha_0}{\beta_{n+1} z^{n+1} + \cdots + \beta_0} = \frac{1}{z} \frac{\alpha_n + \alpha_{n-1} z^{-1} + \cdots + \alpha_0 z^{-n}}{\beta_{n+1} + \beta_n z^{-1} + \cdots + \beta_0 z^{-n-1}}$$

である．したがって，$F(z) = \dfrac{1}{z}\left(\dfrac{\alpha_n}{\beta_{n+1}} + \dfrac{\alpha_{n-1}\beta_{n+1} - \alpha_n \beta_n}{\beta_{n+1}^2} \dfrac{1}{z} + \cdots\right)$ であるから，$\mathrm{Res}(\infty, F(z)) = -\alpha_n/\beta_{n+1}$ を得る．次に $m = n+2$ の場合も，まったく同様に計算して，$F(z) = \dfrac{1}{z^2}\left(\dfrac{\alpha_n}{\beta_{n+2}} + \dfrac{\alpha_{n-1}\beta_{n+2} - \alpha_n \beta_{n+1}}{\beta_{n+2}^2} \dfrac{1}{z} + \cdots\right)$ となるから，$\mathrm{Res}(\infty, F) = 0$ を得る．

問題 7.2　証明の概略だけを述べる．$C_R^- = \{z = Re^{i\theta} | -\pi \leq \theta \leq 0\}$ とおけば $C_R = C_R^- - I_R$ は単一閉曲線 (向きは反時計回り) となり，$R \to \infty$ とすると $Q(z)$ の C_R 上の積分は下半平面にある極の留数の総和に $2\pi i$ をかけたものである．一方 $R \to \infty$ で C_R^- 上の積分は 0 に近づくことが示されるから，$Q(z)$ の C_R 上の積分は $Q(z)$ の $-I_R$ における積分に近づくことになる．

問題 7.3　$\int \dfrac{dx}{x^2 + a^2} = \dfrac{1}{a} \arctan \dfrac{x}{a}$ であることと，$\lim_{x \to \pm\infty} \arctan \dfrac{x}{a} = \pm \dfrac{\pi}{2}$ に注意すればよい．

問題 7.4　まず $f(z) = \dfrac{\alpha}{z - b}$ であるとき，十分小さい ϵ に対して $\int_{C_\epsilon} f(z) dz = \pi i \alpha$ を示す．C_ϵ 上では $z = b + \epsilon e^{i\theta}$ ($0 \leq \theta \leq \pi$) であるから，$\int_{C_\epsilon} f(z) dz = \int_0^\pi \alpha i d\theta = \pi i \alpha$ であることがわかる．次に，$Q(z)e^{iaz}$ を $z = b$ のまわりでローラン展開して，C_ϵ 上で積分すれば，$\mathrm{Res}(b)/(z-b)$ の積分が計算される．一方，その他の項の積分は $\epsilon \to 0$ のとき 0 に近づく．

問題 7.5　回転指数の定義と曲線 $-C$ に沿う積分の定義より明らかである．

問題 7.6　$\left(\dfrac{f}{g}\right)' = \dfrac{f'g - fg'}{g^2}$ であるから，

$$\int_C d\arg \frac{f}{g} = \int_C \frac{f'g - fg'}{fg} dz = \int_C (\frac{f'}{f} - \frac{g'}{g}) dz = \int_C d\arg f - \int_C d\arg g$$

を得る.

問題 7.7 可能である.たとえば $(7/6)^5 + 5(7/6)^3 = 11.8\cdots \le 11 < 12$ であり,また $(5/3)^7 = 35.72\cdots > 12 + 5(5/3)^3 = 35.14\cdots$ であることに注意すれば,例 7.11 とまったく同様な議論で方程式 $z^7 - 5z^3 + 12 = 0$ のすべての解が $7/6 < |z| < 5/3$ の範囲にあることがわかる.

練習問題解答

第1章

1.1 (1) 分母分子に $3+4i$ をかけて, $\dfrac{3+4i}{3-4i} = \dfrac{(3+4i)^2}{25} = \dfrac{-7+24i}{25}$.

(2) $(1-i)^{-1} = \dfrac{1+i}{2}$ であるから, $(1-i)^{-4} = \dfrac{1}{2^4}(1+i)^4 = \dfrac{1}{16}(1+4i+6i^2+4i^3+i^4) = \dfrac{-4}{16} = -\dfrac{1}{4}$.

(3) 2項定理により $(1\pm i)^5 = 1 \pm 5i + 10(\pm i)^2 + 10(\pm i)^3 + 5(\pm i)^4 + (\pm i)^5 = 1 \pm 5i - 10 \mp 10i + 5 \pm i$ であるから, $(1+i)^5 - (1-i)^5 = -8i$ となる.

1.2 (1) 2次方程式の解（根）の公式により, $z = \dfrac{2i \pm \sqrt{(-2i)^2 - 4(-2)}}{2} = \dfrac{2i \pm \sqrt{4}}{2} = i \pm 1$ を得る. 方程式を $(z-i)^2 = 1$ と書き直すことによって直接解を求めてもよい.

(2) 解の公式により $z = \dfrac{3+i \pm \sqrt{(3+i)^2 - 4(4+3i)}}{2}$ である. ここで分子の根号の内部を計算すると, $9 + 6i + i^2 - 16 - 12i = -8 - 6i = (1-3i)^2$ であるから $z = \dfrac{3+i \pm (1-3i)}{2}$ となり, $z = 2-i, 1+2i$ を得る.

1.3 (1) $z = x + yi$ とおいて $z^2 = -i$ を解けばよい. $z = \pm\dfrac{1-i}{\sqrt{2}}$ である.

(2) $z = x + yi$ とおいて $z^2 = 3 + 4i$ を解く. $z = \pm(2+i)$ となる.

1.4 $\alpha = a + bi, \beta = c + di$ とおけば, $|\alpha \pm \beta|^2 = (a \pm c)^2 + (b \pm d)^2$ であるから $|\alpha+\beta|^2 + |\alpha-\beta|^2 = 2(a^2 + b^2 + c^2 + d^2) = 2(|\alpha|^2 + |\beta|^2)$ が得られる.

1.5 (1.7) と (1.11) の第2式を用いれば,

$$\left|\frac{\alpha-\beta}{1-\bar{\alpha}\beta}\right|^2 = \left(\frac{\alpha-\beta}{1-\bar{\alpha}\beta}\right)\left(\frac{\bar{\alpha}-\bar{\beta}}{1-\alpha\bar{\beta}}\right) = \frac{\alpha\bar{\alpha}-\bar{\alpha}\beta-\alpha\bar{\beta}+\beta\bar{\beta}}{1-\bar{\alpha}\beta-\alpha\bar{\beta}+\alpha\bar{\alpha}\beta\bar{\beta}}$$

が得られる．よって $|\alpha|^2 = \alpha\bar{\alpha} = 1$ または $|\beta|^2 = \beta\bar{\beta} = 1$ ならば，上式の分母と分子は等しくなり，結論が従う．

1.6 (1) (1.7),(1.11) により

$$|\lambda\alpha + \mu\beta|^2 = (\lambda\alpha + \mu\beta)(\lambda\bar{\alpha} + \mu\bar{\beta}) = \lambda^2|\alpha|^2 + \lambda\mu(\alpha\bar{\beta} + \bar{\alpha}\beta) + \mu^2|\beta|^2$$

である．ここで $|\alpha|, |\beta| < 1$ より

$$\alpha\bar{\beta} + \bar{\alpha}\beta = 2\operatorname{Re}(\alpha\bar{\beta}) \leq 2|\alpha\bar{\beta}| = 2|\alpha||\beta| < 2$$

であることに注意すれば，

$$|\lambda\alpha + \mu\beta|^2 < \lambda^2 + 2\lambda\mu + \mu^2 = (\lambda + \mu)^2 = 1$$

を得る．この結果の幾何学的な意味は以下の通りである．α, β は原点中心の単位円内の点であり，$\lambda, \mu \geq 0, \lambda + \mu = 1$ なら $\lambda\alpha + \mu\beta$ は α, β を結ぶ線分上の点であるから，明らかに原点中心の単位円の内部にある．

(2) 帰納法で証明しよう．$n = 2$ の場合は (1) で示した．$n \leq k-1$ に対して結果が成り立つと仮定して，$n = k$ の場合に証明する．$\lambda_i (i = 1, \ldots, k)$ の中に 0 のものがあれば $n \leq k-1$ の場合に帰着するので，$0 < \lambda_i < 1 (i = 1, \ldots, k)$ と仮定してよい．そこで

$$\lambda_1\alpha_1 + \cdots + \lambda_k\alpha_k = \lambda_1\alpha_1 + (1-\lambda_1)\frac{\lambda_2\alpha_2 + \cdots + \lambda_k\alpha_k}{1-\lambda_1}$$

として

$$\beta = \frac{\lambda_2\alpha_2 + \cdots + \lambda_k\alpha_k}{1-\lambda_1} = \sum_{i=2}^{k} \frac{\lambda_i}{1-\lambda_1}\alpha_i$$

とおけば，β に含まれる各 α_i の係数は正で，$\lambda_1 + \cdots + \lambda_k = 1$ より

$$\sum_{i=2}^{k} \frac{\lambda_i}{1-\lambda_1} = \frac{\lambda_2 + \cdots + \lambda_k}{1-\lambda_1} = 1$$

である．したがって $n = k-1$ の場合の主張より $|\beta| < 1$ であることがわかる．よって $n = 2$ の場合の主張により

$$|\lambda_1\alpha_1 + \cdots + \lambda_k\alpha_k| = |\lambda_1\alpha_1 + (1-\lambda_1)\beta| < 1$$

が得られる．これが示すべきことであった．

1.7 $|\alpha|, |\beta| < 1$ の仮定のもので

$$\left|\frac{\alpha - \beta}{1 - \bar{\alpha}\beta}\right|^2 = \left(\frac{\alpha - \beta}{1 - \bar{\alpha}\beta}\right)\left(\frac{\bar{\alpha} - \bar{\beta}}{1 - \alpha\bar{\beta}}\right) = \frac{|\alpha|^2 - \bar{\alpha}\beta - \alpha\bar{\beta} + |\beta|^2}{1 - \bar{\alpha}\beta - \alpha\bar{\beta} + |\alpha|^2|\beta|^2} < 1$$

を示せばよい．分母，分子ともに正であるから，結論を得るためには，分母 > 分子を示せば十分である．実際

$$\text{分母} - \text{分子} = 1 - |\alpha|^2 - |\beta|^2 + |\alpha|^2|\beta|^2 = (1 - |\alpha|^2)(1 - |\beta|^2) > 0$$

であるから，主張が示される．

1.8 複素数 $\alpha = a + bi$ が表す点 A の座標は (a, b) であり，A を直線 $y = x$ に関して対称移動した点 B の座標は (b, a) である．よって B を表す複素数は $b + ai$ である．もうすこし組織的に考えよう．まず座標軸を $-\frac{\pi}{4}$ だけ回転すれば，α は $\alpha' = e^{-i\pi/4}\alpha$ となる．これに伴い直線 $y = x$ は x 軸に移る．α' を x 軸に関して対称移動すると共役な複素数 $\bar{\alpha}'$ となる．これをさらに $\frac{\pi}{4}$ 回転して必要な結果が得られる．具体的には $e^{i\pi/4}\bar{\alpha}' = e^{i\pi/2}\bar{\alpha} = i\bar{\alpha}$ となる．

1.9 与えられた行列式の 2 行と 3 行から 1 行を引き，第 3 列で展開すると与えられた条件は，

$$\begin{vmatrix} \alpha & \alpha' & 1 \\ \beta - \alpha & \beta' - \alpha' & 0 \\ \gamma - \alpha & \gamma' - \alpha' & 0 \end{vmatrix} = \begin{vmatrix} \beta - \alpha & \beta' - \alpha' \\ \gamma - \alpha & \gamma' - \alpha' \end{vmatrix} = 0$$

となるから，$(\beta - \alpha)(\gamma' - \alpha') - (\beta' - \alpha')(\gamma - \alpha) = 0$ を得る．よって与えられた条件は $\frac{\gamma - \alpha}{\beta - \alpha} = \frac{\gamma' - \alpha'}{\beta' - \alpha'}$ となる．この条件は $\frac{\overline{\alpha\gamma}}{\overline{\alpha\beta}} = \frac{\overline{\alpha'\gamma'}}{\overline{\alpha'\beta'}}$ かつ $\arg\frac{\gamma - \alpha}{\beta - \alpha} = \arg\frac{\gamma' - \alpha'}{\beta' - \alpha'}$ であることと同値である．後者を言い換えると $\angle\beta\alpha\gamma = \angle\beta'\alpha'\gamma'$ となる．以上により，与えられた条件が $\triangle\alpha\beta\gamma$ と $\triangle\alpha'\beta'\gamma'$ が相似となるための必要十分条件であることがわかる．

1.10 $(\cos\theta + i\sin\theta)$ を 3 乗して

$$\cos 3\theta + i\sin 3\theta = \cos^3\theta + 3i\cos^2\theta\sin\theta - 3\cos\theta\sin^2\theta - i\sin^3\theta$$

が得られるから，実部と虚部を比較して

$$\cos 3\theta = \cos^3\theta - 3\cos\theta\sin^2\theta = 4\cos 3\theta - 3\cos\theta$$

および

$$\sin 3\theta = 3\cos^2\theta\sin\theta - \sin^3\theta = 3\sin\theta - 4\sin^3\theta$$

を得る．

1.11 与えられた等比数列の和の実部と虚部がそれぞれ $\cos k\theta$ $(k = 0, \ldots, n)$ および $\sin k\theta$ $(k = 1, \ldots, n)$ の和になる．一方与えられた等比数列について和の公式を用いると

$$\frac{1-z^{n+1}}{1-z} = \frac{1-e^{i(n+1)\theta}}{1-e^{i\theta}}$$

$$= \frac{(1-e^{i(n+1)\theta})((1-e^{-i\theta})}{(1-e^{i\theta})(1-e^{-i\theta})} = \frac{1-e^{i\theta}-e^{i(n+1)\theta}+e^{in\theta}}{2-e^{i\theta}-e^{-i\theta}}$$

$$= \frac{1-\cos\theta+i\sin\theta-\cos(n+1)\theta-i\sin(n+1)\theta+\cos n\theta+i\sin n\theta}{2(1-\cos\theta)}$$

となるから，その実部と虚部を考えて

$$\sum_{k=0}^{n} \cos k\theta = \frac{1-\cos\theta-\cos(n+1)\theta+\cos n\theta}{2(1-\cos\theta)} \tag{1}$$

および

$$\sum_{k=1}^{n} \sin k\theta = \frac{\sin\theta-\sin(n+1)\theta+\sin n\theta}{2(1-\cos\theta)} \tag{2}$$

を得る．ここで $1-\cos\theta = 2\sin^2\dfrac{\theta}{2}$ であり，また (1), (2) の分子は，それぞれ

$$2\sin^2\frac{\theta}{2} + 2\sin\frac{(2n+1)\theta}{2}\sin\frac{\theta}{2} = 4\sin\frac{\theta}{2}\sin\frac{(n+1)\theta}{2}\cos\frac{n\theta}{2}$$

および

$$2\sin\frac{\theta}{2}\cos\frac{\theta}{2} - 2\cos\frac{(2n+1)\theta}{2}\sin\frac{\theta}{2} = 4\sin\frac{\theta}{2}\sin\frac{(n+1)\theta}{2}\sin\frac{n\theta}{2}$$

と計算されるから，これらにより必要な結果が得られる．

1.12 1 の原始 5 乗根として $\omega = e^{2\pi i/5}$ を選べば，1 の 5 乗根のすべては $1, \omega, \omega^2, \omega^3, \omega^4$ で表される．ω を具体的に求めてみよう．ω は 4 次方程式 $z^4 + z^3 + z^2 + z + 1 = 0$ の根である．ここで方程式を z^2 で割って $w = z + 1/z$ とおけば $z^2 + 1/z^2 = w^2 - 2$ であることより，w に関する 2 次方程式 $w^2 + w - 1 = 0$ が得らる．これを解いて $w = (-1 \pm \sqrt{5})/2$ となる．ここで $zz^4 = z\bar{z} = 1$ より $1/z = z^4 = \bar{z}$ であることに注意すれば，$w = 2\,\mathrm{Re}\,z = 2\cos 2\pi/5$ であることがわかる．$\cos 2\pi/5 > 0$ であるから，$\cos 2\pi/5 = (-1+\sqrt{5})/4$ となり，結局

$$\omega = e^{2\pi i/5} = \cos\frac{2\pi}{5} + i\sin\frac{2\pi}{5} = \frac{-1+\sqrt{5}}{4} + \frac{\sqrt{10+2\sqrt{5}}}{4}i$$

が得られる．

1.13 (1) 1の原始4乗根の一つをωとすれば$2, 2\omega, 2\omega^2, 2\omega^3$が求めるものである. そこで$\omega$として, $e^{2\pi i/4} = \cos\frac{\pi}{2} + i\sin\frac{\pi}{2} = i$をとれば$2, 2i, -2, -2i$が得られる.
(2) 求める複素数を$z = re^{i\theta}$とおくと, $r^3 = 8$および$3\theta = 3\pi/2 + 2n\pi$を得る. よって$r = 2$で$\theta = \pi/2, 7\pi/6, 11\pi/6$とすればよい. よって

$$2i, \ 2(\cos\frac{7\pi}{6} + i\sin\frac{7\pi}{6}) = -\sqrt{3} + i, \ 2(\cos\frac{11\pi}{6} + i\sin\frac{11\pi}{6}) = \sqrt{3} - i$$

が求めるものである.
(3) 求める複素数を$z = re^{i\theta}$とおくと, $r^2 = \sqrt{2}$および$2\theta = \pi/4 + 2n\pi$が成り立つから, $r = \sqrt{\sqrt{2}}$および$\theta = \pi/8, 9\pi/8$を得る. ここで, $\cos\pi/8 = \frac{\sqrt{2+\sqrt{2}}}{2}, \sin\pi/8 = \frac{\sqrt{2-\sqrt{2}}}{2}$などにより

$$\sqrt{\sqrt{2}}e^{\frac{\pi i}{8}} = \frac{\sqrt{\sqrt{2}+1}}{\sqrt{2}} + i\frac{\sqrt{\sqrt{2}-1}}{\sqrt{2}}, \ \sqrt{\sqrt{2}}e^{\frac{9\pi i}{8}} = -\frac{\sqrt{\sqrt{2}+1}}{\sqrt{2}} - i\frac{\sqrt{\sqrt{2}-1}}{\sqrt{2}}$$

が得られる.
(4) 求める複素数を$re^{i\theta}$とおくと, $r^4 = 4$および$4\theta = \pi/3 + 2n\pi$を得る. よって$r = \sqrt{2}$で$\theta = \pi/12, 7\pi/12, 13\pi/12, 19\pi/12$とすればよい. 求める4乗根は1の4乗根$1, i, -1, -i$を用いて$e^{\pi i/12}, ie^{\pi i/12}, -e^{\pi i/12}, -ie^{\pi i/12}$となる. ただし,

$$e^{\frac{\pi i}{12}} = \cos\frac{\pi}{12} + i\sin\frac{\pi}{12} = \frac{\sqrt{6}+\sqrt{2}}{4} + \frac{\sqrt{6}-\sqrt{2}}{4}i$$

である.

1.14 答えだけを記す. 理由は各自考えよ. $A^o = \emptyset$ (空集合), ∂Aは正方形の周および内部にあるすべての点, $\bar{A}$も∂Aと同様正方形の周および内部にあるすべての点である.

1.15 $z(t) = \alpha + t(\beta - \alpha) = (1-t)\alpha + t\beta \ (0 \leq t \leq 1)$

1.16 $z(t) = \alpha + \rho e^{it} \ (0 \leq t < 2\pi)$

1.17 明らかに弧状連結ではなく, よって連結ではない.

1.18 $\bar{A}$は正方形の周および内部で, 有界閉集合となる. したがってコンパクト集合である.

1.19 (1)$S^o = \emptyset, \bar{S} = S \cup \{0\}$ (Sの集積点は0だけであることに注意する.) (2)弧状連結ではないので, 連結ではない. (3)Sは有界集合である. Sは閉集合ではないが, $\bar{S}$は閉集合となる. したがってSはコンパクトではないが, $\bar{S}$はコンパクト集合である.

第 2 章

2.1 $u(x,y) = \dfrac{x^2 y^2}{x^2 + y^4}, v(x,y) = \dfrac{xy^3}{x^2 + y^4}$ である．定義から容易に $u_x(0,0) = u_y(0,0) = 0, \ v_x(0,0) = v_y(0,0) = 0$ であることがわかるから，$f(z)$ は原点でコーシー・リーマンの関係式を満たしている．しかし $\dfrac{f(z) - 0}{z - 0}$ の極限を計算する際，たとえば，直線 $x = y^2$ にそって z を原点に近づければ，$\displaystyle\lim_{k \to 0} \dfrac{f(k^2 + ki) - 0}{k^2 + ki} = \displaystyle\lim_{k \to 0} \dfrac{2k^5}{k^4 + k^4} = \dfrac{1}{2}$ となり，0 には収束しないので $f(z)$ は原点では微分可能ではないことがわかる．

2.2 平面全体から原点を除いた領域を D とすれば，$u(x,y), v(x,y)$ は領域 D で C^1 級の関数であり，$u_x = 1 - \dfrac{x^2 - y^2}{(x^2 + y^2)^2} = v_y$ および $u_y = -\dfrac{2xy}{(x^2 + y^2)^2} = -v_x$ となってコーシー・リーマンの関係式が満たされるから $f(z) = u(x,y) + iv(x,y)$ は D で正則な関数となる．また導関数は $f'(z) = u_x + iv_x = 1 - \dfrac{x^2 - y^2}{(x^2 + y^2)^2} + \dfrac{2xy}{(x^2 + y^2)^2} i$ となる．実は $f(z) = x + iy + \dfrac{x - iy}{x^2 + y^2} = z + \dfrac{1}{z}$ であるから，$f'(z) = 1 - 1/z^2$ となっている．

2.3 $f(z) = u(x,y) + iv(x,y)$ とおくと，仮定は領域 D において $v(x,y) = 0$ または $u(x,y) = 0$ となることであるから，コーシー・リーマンの関係式と定理 2.6 の証明に用いた補題によれば，それぞれの場合に応じて，それぞれ $u(x,y)$ または $v(x,y)$ が D で定数となる．したがって，$f(z)$ は D で定数となる．

2.4 $f(z)$ の偏角（の主値）が定数 θ であると仮定する．そのとき D で正則な関数 $g(z) = e^{-i\theta} f(z)$ を考えれば，$g(z)$ の偏角の主値は常に 0 となる．すなわち，$g(z)$ は実数値だけをとる．したがって練習問題 2.3 の結果より $g(z)$ は定数関数となり，$f(z)$ も D で定数となる．

2.5 $u_{xx} + u_{yy} = 2(a + c) = 0$ より $a + c = 0$ を得る．よって，$u(x,y) = ax^2 - 2bxy - ay^2$ となる．次に $u_x = 2ax - 2by = v_y, \ u_y = -2bx - 2ay = -v_x$ であるから，まず前者を y で積分して，$v = 2axy - by^2 + \phi(x)$ が得られ，これと後者から，$v_x = 2ay + \phi'(x) = 2ay + 2bx$ となるから，結局 $v(x,y) = bx^2 + 2axy - by^2 + k$ を得る．ここで k は定数である．よって $u(x,y) + iv(x,y) = a(x^2 - y^2 + 2xyi) + b(x^2 - y^2)i - 2bxy = (a + bi)(x^2 - y^2 + 2xyi) + k$ であることがわかる．ここで，$\alpha = a + bi$ とおけば $f(z) = \alpha z^2 + k$ となる．

2.6 $u_x = (x+1)e^x \cos y - ye^x \sin y$ より $u_{xx} = (x+2)e^x \cos y - ye^x \sin y$ であり, また $u_y = -(x+1)e^x \sin y - ye^x \cos y$ より $u_{yy} = -(x+2)e^x \cos y + ye^x \sin y$ であるから, $u_{xx} + u_{yy} = 0$ が示される. 次に $u(x,y)$ に共役な調和関数を求めてみよう. $u_x = (x+1)e^x \cos y - ye^x \sin y = v_y$ より $v(x,y) = xe^x \sin y + ye^x \cos y + \phi(x)$ であることがわかる. よって, $v_x = (x+1)e^x \sin y + ye^x \cos y + \phi'(x) = -u_y$ より $\phi'(x) = 0$ を得る. したがって, $v(x,y) = xe^x \sin y + ye^x \cos y + \text{const.}$ となる. 対応する正則関数は, 定数を除いて $f(z) = u(x,y) + iv(x,y) = (x+iy)e^x(\cos y + i\sin y) = ze^z$ である.

2.7 まず, $u_x = \dfrac{2x}{x^2+y^2}$ より $u_{xx} = \dfrac{2(-x^2+y^2)}{(x^2+y^2)^2}$ となる. まったく同様にして $u_{yy} = \dfrac{2(x^2-y^2)}{(x^2+y^2)^2}$ となるから $u_{xx} + u_{yy} = 0$ を得る. 共役な調和関数 $v(x,y)$ は $v_x = -u_y = -\dfrac{2y}{x^2+y^2} = -\dfrac{2y/x^2}{1+(y/x)^2}$ および $v_y = u_x = \dfrac{2x}{x^2+y^2}$ を満たす. 前者を x で積分して $v(x,y) = 2\arctan(y/x) + \phi(y)$ を得る. これを y で微分して後者の条件を用いると, $\phi'(y) = 0$ すなわち $\phi(y) = c$ が得られる. よって $v(x,y) = 2\arctan(y/x) + c$ となる. 実は $u(x,y) + iv(x,y) = 2\log|z| + 2i\arg z = 2\log z$ であることが後でわかる.

第 3 章

3.1 $|z| \geq 2$ なら, $n \geq 1$ に対して $|1+nz| \geq 2n-1 \geq 1$ となる. したがって, $\left|\dfrac{1}{1+nz}\right| \leq \dfrac{1}{2n-1}$ を得る. よって任意の $\epsilon > 0$ に対して, $N > \dfrac{1}{2\epsilon} + \dfrac{1}{2}$ と選べば $n \geq N$ に対して $|f_n(z) - 0| < \epsilon$ となる. これは $f_n(z)$ が 0 に一様収束することを示している. この一様収束域を拡げることは可能である. 一般に, $\delta > 0$ に対して, $f_n(z)$ は $|z| \geq \delta$ で 0 に一様収束することを証明することができる. しかし $|z| > 0$ では $f_n(z)$ は 0 に収束するが一様収束はしない.

3.2 (1) $\dfrac{c_{n+1}}{c_n} = \left(\dfrac{n+1}{n}\right)^p \to 1$ であるからダランベールの判定条件により, この逆数をとって, 収束半径は 1 となる.
(2) $c_n = n^n$ であるから $\sqrt[n]{|c_n|} = n \to \infty$ である. よってコーシーの判定条件により収束半径は 0 となる.
(3) $c_n = n!/n^n$ である. $\left|\dfrac{c_{n+1}}{c_n}\right| = (n+1)\left(\dfrac{n^n}{(n+1)^{n+1}}\right) = \dfrac{n^n}{(n+1)^n} = \left(\dfrac{n}{n+1}\right)^n \to \dfrac{1}{e}$ $(n \to \infty)$ であるから, ダランベールの判定条件により収束半径は e となる.

(4) $\sqrt[n]{|c_n|} = \left(n^{\log n}\right)^{1/n} = n^{\frac{\log n}{n}} = a_n$ とおく．対数をとって考えると，$\log a_n = \frac{(\log n)^2}{n} \to 0 \ (n \to \infty)$ であるから，$a_n \to 1 \ (n \to \infty)$ であることがわかる．よって収束半径は 1 である．

3.3 (i) まず，級数 $\sum c_n^2 z^n$ について考える．$\sqrt[n]{|c_n|}$ の上極限が $1/R$ であるとき $|c_n^2|$ の上極限が $1/R^2$ であることを認めれば，コーシー・アダマールの公式により，この級数の収束半径が R^2 であることがわかる．もちろん，$\lim_{n \to \infty} \sqrt[n]{|c_n|}$ が存在すれば，定理 3.14 によって，上記の結果が得られる．
コーシー・アダマールの公式を用いないで，上記の結果を得ようとすれば，まず，$z = w^2$ とおく．そのとき，与えられた級数は $\sum c_n^2 w^{2n}$ となる．ここで $|w| < R$ (すなわち $|z| < R^2$ なら) なら仮定により $\sum c_n w^n$ が絶対収束するから，$\sum c_n^2 w^{2n}$ も絶対収束し，したがって，収束することがわかる．これより，与えられた級数の収束半径が R^2 以上であることがわかる．次に，$|w| > R$ のとき $\sum c_n^2 w^{2n}$ が発散することを示すには，背理法によればよい．$\sum c_n^2 w^{2n}$ が $|w| < R$ で，収束すると仮定すれば，$|c_n^2 w^{2n}|$ は $|w| < R$ で有界となることがわかるから，$|c_n w^n|$ もまた，$|w| < R$ で有界となり，したがって，定理 3.12 により級数 $\sum c_n w^n$ が収束する．これは矛盾である．
(ii) 級数 $\sum c_n z^{2n}$ を考える．ここで $w = z^2$ とおけば，仮定より w に関する無限級数 $\sum c_n w^n$ の収束半径が R であり，$|w| < R$ で収束し，$|w| > R$ で発散する．したがって，もとの級数 $\sum c_n z^{2n}$ は $|w| < \sqrt{R}$ で収束し，$|z| > \sqrt{R}$ で発散する．よって収束半径は $\sqrt{R}$ である．もちろんコーシー・アダマールの公式を用いても同じ結果が得られる．

3.4 (1) $|\alpha_n \beta_n|$ の上極限が $|\alpha_n|$ と $|\beta_n|$ の上極限の積を越えない（定義をよくみれば，直感的には明らかである）ことを認めれば，コーシー・アダマールの公式によって，直ちに問題の主張が従う．コーシー・アダマールの公式を用いなくとも，練習問題 3.3 の (i) と同様の考え方で，問題の主張を示すことができる．各自試みよ．
(2) (i) $\alpha_n = \beta_n$ の場合を考える．その場合は $R_1 = R_2 = R$ であり，練習問題 3.3 の結果より，級数 $\sum \alpha_n \beta_n z^n$ の収束半径は $R_1 R_2 = R^2$ となる．(ii) $\alpha_{2m+1} = 2^{2m+1}, \alpha_{2m} = 1$ および $\beta_{2m+1} = 1, \beta_{2m} = 3^{2m}$ とおく．そのとき級数 $\sum \alpha_n z^n$ の収束半径は $R_1 = 1/2$ である．一方，級数 $\sum \beta_n z^n$ の収束半径は $R_2 = 1/3$ である．次に級数 $\sum \alpha_n \beta_n z^n$ を考えると，n が奇数のとき $\alpha_n \beta_n = 2^n$ で，n が偶数のとき $\alpha_n \beta_n = 3^n$ となるから，$|\alpha_n \beta_n|^{1/n}$ の上極限は 3 となる．よって，収束半径は $1/3$ となり $R_1 R_2 = 1/6$ よりも大きい．このような例は，いくらでも作れるので各自作ってみよ．

3.5 項別に微分すれば，

練習問題解答   169

$$f'(z) = \sum_{n=1}^{\infty} nc_n z^{n-1}, \quad f''(z) = \sum_{n=2}^{\infty} n(n-1)c_n z^{n-2}$$

であるから

$$zf'(z) = \sum_{n=1}^{\infty} nc_n z^n \quad \text{および} \quad z^2 f''(z) = \sum_{n=2}^{\infty} n(n-1)c_n z^n$$

が得られる．よって，$zf'(z) + z^2 f''(z) = c_1 z + \sum_{n=2}^{\infty} n^2 z^n = \sum_{n=1}^{\infty} n^2 c_n z^n$ を得る．

3.6 (1) $z = x + iy$, とおけば $e^x(\cos y + i \sin y) = -1$ でなければならない．したがって，$e^x = 1$, $\cos y = -1$, $\sin y = 0$ を得る．よって，$x = 0$, $y = (2n+1)\pi$, すなわち $z = (2n+1)\pi i$ (n は任意の整数) を得る．

(2) $z = x + iy$ とおけば，$e^x(\cos y + i \sin y) = i$ でなければならない．したがって，$e^x = 1$, $\cos y = 0$, $\sin y = 1$ を得る．よって，$x = 0$, $y = (2n + \frac{1}{2})\pi$, すなわち $z = (2n + \frac{1}{2})\pi i$ (n は任意の整数) を得る．

(3) $z = x + iy$ とおけば，$e^x(\cos y + i \sin y) = -1 + i = \sqrt{2}(\cos \frac{3\pi}{4} + i \sin \frac{3\pi}{4})$ でなければならない．したがって，$e^x = \sqrt{2}, \cos y = \dfrac{-1}{\sqrt{2}} = \sin y$ を得る．よって $x = \dfrac{1}{2} \log 2$, $y = (2n + \dfrac{3}{4})\pi$ すなわち $z = \dfrac{1}{2} \log 2 + (2n + \dfrac{3}{4})\pi i$ (n: 整数) を得る．

3.7 (1) $w = e^{iz}$ とおけば，$\cos z = 0$ は $w + 1/w = 0$ と同値，すなわち $w^2 = -1$ となるから，$w = \pm i$ を得る．$e^{iz} = \pm i$ を解くと $iz = \pm \dfrac{\pi}{2} i + 2n\pi i$, すなわち $z = 2n\pi \pm \dfrac{\pi}{2}$ (n: 整数) を得る．

(2) $w = e^{iz}$ とおけば $\sin z = 0$ は $w - 1/w = 0$ と同値すなわち，$w^2 = 1$ となるから $w = \pm 1$ を得る．$e^{iz} = \pm 1$ を解くと $iz = n\pi i$ すなわち $z = n\pi$ (n: 整数) を得る．

(3) $w = e^{iz}$ とおけば，$\sin z = 2i$ は $w - 1/w = -4$ と同値すなわち $w^2 + 4w - 1 = 0$ となるから，$w = -2 \pm \sqrt{5}$ を得る．$e^{iz} = -2 \pm \sqrt{5}$ を解くと，$iz = \log(\sqrt{5} - 2) + 2n\pi i$ または $iz = \log(\sqrt{5} + 2) + (2n+1)\pi i$, すなわち $z = 2n\pi - i \log(\sqrt{5} - 2)$ または $z = (2n+1)\pi - i \log(\sqrt{5} + 2)$ を得る．ここで n は任意の整数である．

(4) $w = e^{iz} (\neq 0)$ とおけば $\tan z = i$ は $\dfrac{w - 1/w}{w + 1/w} = -1$ と同値である．ここで $w \neq 0$ より，$w^2 - 1 = -w^2 - 1$ すなわち，$w = 0$ を得る．これは矛盾であり，$\tan z = i$ を満たす z は存在しない．

3.8 まず $z = x + iy$ とおくと，$e^{iz} = e^{-y+ix} = e^{-y}(\cos x + i \sin x)$, $e^{-iz} =$

$e^{y-ix} = e^y(\cos x - i\sin x)$ であることに注意する。(1) $\cos z = \dfrac{e^{iz} + e^{-iz}}{2}$ であるから、上の結果を代入して $\cos z = \dfrac{e^y + e^{-y}}{2}\cos x + i\dfrac{e^{-y} - e^y}{2}\sin x$ を得る。よって、$\mathrm{Re}(\cos z) = \cosh y \cos x$ および $\mathrm{Im}(\cos z) = -\sinh y \sin x$ であることがわかる。
(2) $\sin z = \dfrac{e^{iz} - e^{-iz}}{2i}$ であるから、

$$\sin z = \dfrac{e^{-y} - e^y}{2i}\cos x + i\dfrac{e^{-y} + e^y}{2i}\sin x = \dfrac{e^{-y} + e^y}{2}\sin x + i\dfrac{e^y - e^{-y}}{2}\cos x$$

を得る。よって、$\mathrm{Re}(\sin z) = \cosh y \sin x$ および $\mathrm{Im}(\sin z) = \sinh y \cos x$ であることがわかる。

3.9 (1) $\log(3i) = \log|3i| + i\arg(3i) = \log 3 + (2n + 1/2)\pi i$.
(2) $\log(3+4i) = \log|3+4i| + \arg(3+4i) = \log 5 + i(\theta + 2n\pi)$. ただし、$\theta$ は $0 < \theta < \pi/2$ で $\cos\theta = 3/5, \sin\theta = 4/5$ を満たすものとする。
(3) $\mathrm{Log}(1+\sqrt{3}i) = \log|1+\sqrt{3}i| + \mathrm{Arg}(1+\sqrt{3}i) = \log 2 + \dfrac{\pi}{3}i$.

3.10 (1) $1^i = \exp(i(\log 1 + i\arg 1)) = \exp(i \cdot 2n\pi i) = e^{2m\pi}$ となる。ここで $-n = m$ は任意の整数である。
(2) $i^{\frac{1}{3}} = \exp(\dfrac{1}{3}(\log|i| + i\arg i)) = \exp(\dfrac{1}{3}(2n+1/2)\pi i) = \exp\dfrac{(4n+1)\pi i}{6}$
$= \cos\dfrac{(4n+1)\pi}{6} + i\sin\dfrac{(4n+1)\pi}{6}$ となる。ここで、$n = 3k$ なら $\dfrac{\sqrt{3}+i}{2}$, $n = 3k+1$ なら $\dfrac{-\sqrt{3}+i}{2}$, $n = 3k+2$ なら $-i$ となる。これらは i の 3 乗根の全体に他ならない。
(3) $(1+i)^{2-2i} = \exp((2-2i)(\log|1+i| + i\arg(1+i))) = \exp((2-2i)(\log\sqrt{2} + i(2n+1/4)\pi)) = \exp(\log 2 + (4n+1/2)\pi + i(-\log 2 + (4n+1/2)\pi)) = 2e^{(4n+1/2)\pi}(\sin(\log 2) + i\cos(\log 2))$.
(4) まず i^i を求める。定義により $i^i = \exp(i\log i) = \exp(i(2n+1/2)\pi i) = \exp(-\dfrac{4n+1}{2}\pi)$ となる。よって、$i^{(i^i)} = \exp(i^i \log i) = \exp(i^i(\dfrac{4m+1}{2})\pi i) = \exp\left(\dfrac{4m+1}{2}\pi i \cdot \exp(-\dfrac{4n+1}{2}\pi)\right)$ を得る。

第 4 章

4.1 $x = a\cos t, y = a\sin t$ $(0 \le t \le \pi)$ とおくと $\displaystyle\int_C (x+y)dx = \int_0^\pi a(\cos t + \sin t)(-a\sin t)dt = a^2\int_0^\pi \left(-\dfrac{\sin 2t}{2} - \dfrac{1-\cos 2t}{2}\right)dt = -\dfrac{\pi a^2}{2}$ を得る。まったく同

様に $\int_C (x+y)dy = \dfrac{\pi a^2}{2}$ が得られる.

4.2 (1) $x = a\cos^3 t,\ y = a\sin^3 t\ (0 \le t \le 2\pi)$.
(2) 求める面積を S とすれば，グリーンの定理を用いて

$$2S = \int_C xdy - ydx = \int_0^{2\pi} a\cos^3 t\, d(a\sin^3 t) - a\sin^3 d(a\cos^3 t)$$
$$= 3a^2 \int_0^{2\pi} \cos^2 t \sin^2 t\, dt = \dfrac{3a^2}{8}\int_0^{2\pi}(1-\cos 4t)dt = \dfrac{3\pi a^2}{4}$$

が得られるから，$S = \dfrac{3\pi a^2}{8}$ である.

4.3 グリーンの定理を用いると，C を楕円の周として，$\int_D (x^2+y^2)dxdy = \dfrac{1}{3}\int_C x^3 dy - y^3 dx$ となる. ここで，$x = a\cos t,\ y = b\sin t\ (0 \le t \le 2\pi)$ とおけば，求める積分は $\dfrac{1}{3}\int_0^{2\pi}(a^3 b\cos^4 t + ab^3 \sin^4 t)\,dt$ となる. さらに，$\int_0^{2\pi}\cos^4 t dt = \int_0^{2\pi}\sin^4 t dt = 3\pi/4$ を用いると $\pi ab(a^2+b^2)/4$ を得る.

4.4 (1) 0 から 1 では $z = t\ (0 \le t \le 1)$，1 から $1+i$ では $z = 1+it\ (0 \le t \le 1)$ とおいて $\int_{C_1}\bar{z}dz = \int_0^1 tdt + \int_0^1 (1-it)(idt) = \dfrac{1}{2} + i + \dfrac{1}{2} = 1 + i$ である.
(2) 0 から i では $z = it\ (0 \le t \le 1)$，i から $1+i$ では $z = t+i\ (0 \le t \le 1)$ とおいて $\int_{C_2}\bar{z}dz = \int_0^1 (-it)(idt) + \int_0^1 (t-i)dt = \dfrac{1}{2} + \dfrac{1}{2} - i = 1 - i$ を得る.
(3) $z = t+it\ (0 \le t \le 1)$ とおいて $\int_{C_3}\bar{z}dz = \int_0^1 (t-it)(dt+idt) = \int_0^1 2tdt = 1$.

4.5 $\int_C \bar{z}dz = \int_C (xdx+ydy) + i\int_C (xdy-ydx)$ である. この積分の実部はグリーンの定理により 0 であり，虚部はグリーンの定理により $2S$ である. (例 4.2 参照)

4.6 始点を原点として，まず原点と 1 を結ぶ線分 C_1 上では，$z = t\ (0 \le t \le 1$ であるから $\int_{C_1}|z|^2 dz = \int_0^1 t^2 dt = 1/3$. 次に 1 と $1+i$ を結ぶ線分 C_2 上では，$z = 1+it\ (0 \le t \le 1)$ とおけば $\int_{C_2}|z|^2 dt = \int_0^1 (1+it)(1-it)(idt) = i\int_0^1 (1+t^2)dt = 4i/3$. $1+i$ と i を結ぶ線分 C_3 上では，$z = t+i\ (1 \ge t \ge 0)$ とおいて $\int_{C_3}|z|^2 dz = \int_1^0 (t^2+1)dt = -4/3$. i と 0 を結ぶ線分 C_4 上では，

$z = it\ (1 \geq t \geq 0)$ とおいて $\int_{C_4} |z|^2 dz = -i/3$ を得る．したがって，これらを加えて，求める積分値は $-1+i$ である．

4.7 まず，$\pi/2$ と $\pi/2+i$ を結ぶ折れ線 L_1 上では $z(t) = \pi/2+it\ (0 \leq t \leq 1)$ であるから $\int_{L_1} \cos z dz = \int_0^1 \cos(\pi/2+it) i dt = i\int_0^1 -\sin it dt = [\cos it]_0^1 = \cos i - 1$ が得られる．次に，$\pi/2+i$ と $-\pi/2+i$ を結ぶ折れ線 L_2 上では $z(t) = -\pi t/2 + i\ (-1 \leq t \leq 1)$ であるから，$\int_{L_2} \cos z dz = \int_{-1}^1 \cos(-t\pi/2+i) \frac{-\pi}{2} dt = \frac{-\pi}{2}\int_{-1}^1 \cos(-t\pi/2+i) dt = [\sin(-t\pi/2+i)]_{-1}^1 = \sin(i-\pi/2) - \sin(i+\pi/2) = -2\cos i$ が得られる．最後に，$-\pi/2+i$ と $-\pi/2$ を結ぶ折れ線 L_3 上では，$z(t) = -\pi/2+(1-t)i\ (0 \leq t \leq 1)$ であるから $\int_{L_3} \cos z dz = \int_0^1 \cos(-\pi/2+(1-t)i)(-idt) = -i\int_0^1 \sin((1-t)i) dt = [-\cos((1-t)i)]_0^1 = \cos i - 1$ が得られる．以上の値を加えて $\cos i - 1 - 2\cos i + \cos i - 1 = -2$ を得る．これが求める積分値である．

一方，$\cos z$ の原始関数は $\sin z$ であるから，終点 $z = -\pi/2$ における値 $\sin(-\pi/2) = -1$ から始点 $z = \pi/2$ における値 $\sin(\pi/2) = 1$ を引いて $-1-1 = -2$ が得られ，先に計算した値と一致する．

4.8 $z(t) = e^{it} = \cos t + i\sin t\ (0 \leq t \leq 2\pi)$ とおく．そのとき $z'(t) = ie^{it}$ であるから $|dz| = |ie^{it}|dt = dt$ であり，$|z-1| = \sqrt{(\cos t - 1)^2 + \sin^2 t} = \sqrt{2-2\cos t} = 2\sqrt{\sin^2(t/2)} = 2\sin(t/2)\ (0 \leq t/2 \leq \pi)$ であるから $\int_C |z-1||dz| = \int_0^{2\pi} 2\sin(t/2) dt = -4[\cos(t/2)]_0^{2\pi} = 8$ を得る．

4.9 $z = re^{it}\ (0 \leq t \leq 2\pi), \alpha = \rho e^{i\varphi}$ とおくと，
$$\frac{1}{|z-\alpha|^2} = \frac{1}{(z-\alpha)(\bar{z}-\bar{\alpha}))} = \frac{1}{r^2 - 2r\rho\cos(t-\varphi) + \rho^2}$$
であるから $\int_{|z|=r} \frac{|dz|}{|z-\alpha|^2} = \int_0^{2\pi} \frac{rdt}{r^2 - 2r\rho\cos(t-\varphi) + \rho^2}$ である．ここで $\int_0^{2\pi} \frac{d\theta}{a+b\cos\theta} d\theta = \frac{2\pi}{\sqrt{a^2-b^2}}\ (|a|>|b|)$ である（例 7.5 参照）ことに注意すれば，求める積分は
$$\frac{2\pi r}{\sqrt{(r^2+\rho^2)^2-(2r\rho)^2}} = \frac{2\pi r}{|r^2-\rho^2|} = \frac{2\pi r}{|r^2-|\alpha|^2|}$$
であることがわかる．

4.3 節の例 4.7 の結果を既知とするなら，複素積分を用いて，次のように計算してもよい．$|z|=r$ 上では $|dz|(=rd\theta) = -irdz/z$ であり，また $\bar{z} = r^2/z$ であることに注

意すると，$\dfrac{|dz|}{|z-\alpha|^2} = \dfrac{-irdz/z}{(z-\alpha)(\bar{z}-\bar{\alpha})} = \dfrac{irdz}{(z-\alpha)(\bar{\alpha}z-r^2)}$ が得られる．そこで，$\dfrac{1}{(z-\alpha)(\bar{\alpha}z-r^2)} = \dfrac{1}{r^2-|\alpha|^2}(\dfrac{1}{z-r^2/\bar{\alpha}} - \dfrac{1}{z-\alpha})$ と部分分数展開する．ここで $|\alpha| \neq r$ であるから，(i) $|\alpha| < r$ の場合には，α が $|z|=r$ の内部に含まれ $r^2/\bar{\alpha}$ は含まれない．したがって，$\dfrac{1}{z-\alpha}$ の $|z|=r$ 上の積分が $2\pi i$ となり，$\dfrac{1}{z-r^2/\bar{\alpha}}$ の積分は 0 となるから，求める積分値は $\dfrac{2\pi r}{r^2-|\alpha|^2}$ である．(ii) $|\alpha| > r$ の場合には $r^2/\bar{\alpha}$ が $|z|=r$ の内部に含まれ，α は含まれないので，同様な計算により，求める積分値は $\dfrac{2\pi r}{|\alpha|^2-r^2}$ であることがわかる．

4.10 (1) C は単一閉曲線で内部に原点を含むから，$\displaystyle\int_C (1/z)dz = 2\pi i$ である．
(2) $\displaystyle\int_C (1/z)dz$ を直接計算する．$1/z = \dfrac{a\cos t - ib\sin t}{a^2\cos^2 t + b^2\sin^2 t}$ であり，$\dfrac{dz}{dt} = -a\sin t + ib\cos t$ であるから $2\pi i = \displaystyle\int_C \dfrac{1}{z}dz = \int_0^{2\pi} \dfrac{(b^2-a^2)\sin t\cos t + abi}{a^2\cos^2 t + b^2\sin^2 t}dt$ である．よって，両辺の虚部を考え，ab で割れば，求める積分は $\dfrac{2\pi}{ab}$ となる．

4.11 (1) $e^z = 1 + z + \dfrac{z^2}{2} + \cdots$ であるから $\dfrac{e^z}{z^2} = \dfrac{1}{z^2} + \dfrac{1}{z} + h(z)$ となる．ここで $h(z)$ は複素平面全体で正則な関数である．よって $\dfrac{e^z}{z^2}$ を $|z|=1$ で積分すれば，例 4.7 の結果により $2\pi i$ となることがわかる．
(2) 被積分関数を部分分数に分解すれば，$\dfrac{1}{1+z^2} = \dfrac{1}{2i(z-i)} - \dfrac{1}{2i(z+i)}$ となることに注意する．$\pm i$ は $|z|=2$ の内部に含まれるから例 4.7 の結果によって，第 1 項の積分は π，第 2 項の積分は $-\pi$ となって打ち消しあい，求める積分は 0 となる．
(3) (2) で行った部分分数展開を用いる．i は $|z-i|=1$ の内部にあり，$-i$ は $|z-i|=1$ の外部にあるから $|z-i|=1$ 上での $\dfrac{1}{2i(z-i)}$ の積分は π であるが，$\dfrac{1}{2i(z+i)}$ の積分は 0 である．したがって，求める積分値は π である．

4.12 被積分関数を $(\sin\pi z^2 + \cos\pi z^2)(\dfrac{1}{z-2} - \dfrac{1}{z-1})$ と変形し，$f(z) = \sin\pi z^2 + \cos\pi z^2$ とおけば，求める積分は $\displaystyle\int_C \dfrac{f(z)}{z-2}dz - \int_C \dfrac{f(z)}{z-1}dz$ となることがわかる．$z=1,2$ は C の内部に含まれ，$f(z)$ は C の内部で正則であるからコーシーの積分表示式により，求める積分値は $2\pi i(f(2)-f(1)) = 2\pi i(1-(-1)) = 4\pi i$ である．

4.13 (1) $r < \rho$ より，$z^* = \rho^2 e^{i\theta}/r$ が $|\zeta|=\rho$ の外部にあることに注意すれば，コーシーの積分表示により明らかである．

(2) まず, $\zeta = \rho e^{i\varphi}$, $z = re^{i\theta}$ に対して,

$$\frac{1}{\zeta - z} - \frac{1}{\zeta - z^*} = \frac{z - z^*}{(\zeta - z)(\zeta - z^*)} = \frac{(\rho^2 - r^2)e^{-i\varphi}}{\rho(\rho^2 - 2\rho r \cos(\varphi - \theta) + r^2)}$$

であることに注意する. 次に (1) の結果と C 上で $d\zeta = i\rho e^{i\varphi} d\varphi$ であることを用いれば,

$$f(re^{i\theta}) = \frac{1}{2\pi i} \int_C \left(\frac{f(\zeta)}{\zeta - z} - \frac{f(\zeta)}{\zeta - z^*} \right) d\zeta$$
$$= \frac{1}{2\pi} \int_0^{2\pi} \frac{f(\rho e^{i\varphi})(\rho^2 - r^2)}{\rho^2 - 2\rho r \cos(\varphi - \theta) + r^2} d\varphi$$

が得られる.

(3) (2) の結果において実部を考え, $\rho \to R$ とすれば結論が得られる.

第5章

5.1 $f(z) = e^{2z}$ とおくと求める積分の値は, $f^{(4)}(i)/4! = \dfrac{2}{3} e^{2i}$ となる.

5.2 $u = z - 1$, すなわち $z = u + 1$ とおけば $f(z) = \dfrac{z}{1+z} = g(u) = \dfrac{1+u}{2+u} = 1 - \dfrac{1}{2} \dfrac{1}{1+u/2}$ であるから, $g(u) = 1 - \dfrac{1}{2}(1 - u/2 + (u/2)^2 + \cdots) = \dfrac{1}{2}(1 + (u/2) - (u/2)^2 + (u/2)^3 + \cdots)$ となる. したがって, $f(z) = \dfrac{1}{2} + \dfrac{1}{2} \sum_{k=1}^{\infty} (-1)^{k-1} \left(\dfrac{z-1}{2} \right)^k$ を得る. ただし, $|z-1| < 2$ である.

5.3 (1) 無限等比級数の和の公式から
$\dfrac{1}{1+z^2} = 1 - z^2 + z^4 - z^6 + \cdots = \sum_{k=0}^{\infty} (-1)^k z^{2k}$.

(2) $u = z - 1$ とおくと, $f(z) = \dfrac{1}{1 + k(z-1)^2}$ であるから, (1) の結果により $f(z) = \sum_{k=0}^{\infty} (-1)^k (z-1)^{2k}$ を得る.

5.4 部分分数に展開することにより,
$\dfrac{z}{(z-1)(z-2)} = \dfrac{1}{1-z} - \dfrac{1}{1-z/2} = \sum_{k=1}^{\infty} (1 - (1/2)^k) z^k$ を得る.

5.5 $e^z = \sum_{k=0}^{\infty} \dfrac{z^k}{k!}$ および $e^{-z} = \sum_{k=0}^{\infty} (-1)^k \dfrac{z^k}{k!}$ より直ちに

$$\cosh z = \sum_{k=0}^{\infty} \frac{z^{2k}}{(2k)!} \text{ および } \sinh z = \sum_{k=0}^{\infty} \frac{z^{2k+1}}{(2k+1)!} \text{ を得る}.$$

5.6 (1) $u = z - \pi/2$ とおくと, $f(z) = \sin z = \sin(u + \pi/2) = \cos u$ であるから, $\cos u$ のマクローリン展開により $\cos u = \sum_{k=0}^{\infty} \frac{(-1)^k}{(2k)!}(z - \pi/2)^{2k}$ を得る. 次に $u = z - \pi/4$ とおくと, $f(z) = \sin(u + \pi/4) = g(u)$ となり, $g^{(n)}(u) = \sin(u + \pi/4 + n\pi/2)$ である. よって, $g(0) = \frac{\sqrt{2}}{2}, g'(0) = \frac{\sqrt{2}}{2}, g''(0) = -\frac{\sqrt{2}}{2}, g^{(3)}(0) = -\frac{\sqrt{2}}{2}$ となり, $g^{(n)}(0)$ の値はこの繰り返しである. したがって, $f(z) = \frac{\sqrt{2}}{2}(1 + (z - \pi/4) - (z - \pi/4)^2/2 - (z - \pi/4)^3/6 + \cdots)$ を得る.

5.7 (1) $u = z - \pi$ とおくと, $f(z) = \sin^2(u + \pi) = \sin^2 u$ であるから, $\sin^2 u = (1 - \cos 2u)/2$ より, $\sin^2 u = \frac{1}{2}((2u)^2/2 - (2u)^4/4! + \cdots) = \sum_{i=1}^{\infty}(-1)^{i-1}\frac{2^{2i-1}}{(2i)!}(z - \pi)^{2i}$ を得る.

(2) $\frac{e^z}{1-z} = (1 + z + z^2/2 + z^3/3! + \cdots)(1 + z + z^2 + \cdots) = 1 + 2z + (1 + 1 + 1/2)z^2 + (1 + 1 + 1/2 + 1/3!)z^3 + \cdots = \sum_{n=0}^{\infty}(\sum_{i=0}^{n}\frac{1}{i!})z^n \;(0! = 1)$.

(3) $z - 2 = u$ とおくと, $\frac{e^z}{1-z} = -\frac{e^{2+u}}{1+u} = -e^2\frac{e^u}{1+u} = -e^2(1 + u + u^2/2 + u^2/3! + \cdots)(1 - u + u^2 - u^3 + \cdots) = -e^2(1 + (-1+1)u + (1 - 1 + 1/2!)u^2 + \cdots)$ であるから, $\frac{e^z}{1-z} = -e^2\left(\sum_{n=0}^{\infty}\left(\sum_{i=0}^{n}\frac{(-1)^{n-i}}{i!}\right)u^n\right) = -e^2\left(1 + \sum_{n=2}^{\infty}\left(\sum_{i=2}^{n}\frac{(-1)^{n-i}}{i!}\right)(z-2)^n\right)$ が得られる.

5.8 $f(z) = \tan z$ を微分して $f'(0), f''(0), f^{(3)}(0), \ldots$ を計算してもよいが, この計算は加速度的に複雑になる ($f^{(5)}(0)$ の値が必要である) ので別の手を考えよう. $\sin z = z - z^3/3! + z^5/5! + \cdots, \quad \cos z = 1 - z^2/2 + z^4/4! + \cdots$ であるから, $p(z) = 1 - \cos z = z^2/2 - z^4/4! + \cdots$ とおくと $\cos z = 1 - p(z)$ であり, $p(z) = O(z^2), p^2(z) = O(z^4)$ に注意すれば $f(z) = (z - z^3/3! + z^5/5! + \cdots)(1 - p(z))^{-1} = (z - z^3/3! + z^5/5! + \cdots)(1 + p(z) + p^2(z) + \cdots) = z - z^3/3! + p(z)z + z^5/5! - p(z)z^3/3! + p^2(z)z + O(z^7)$ を得る. ここで, $p(z)$ を代入すれば $f(z) = z - z^3/6 + (z^2/2 - z^4/4!)z + z^5/5! - (z^2/2) \cdot (z^3/6) + (z^2/2)^2 \cdot z + O(z^7) = z + \frac{1}{3}z^3 + \frac{2}{15}z^5 + O(z^7)$ を得る.

5.9 $\mathrm{Log}(1+z)/(1-z) = \mathrm{Log}(1+z) - \mathrm{Log}(1-z)$ であり, (5.5) において $z \to -z$

とすれば, $\mathrm{Log}(1-z) = -z - z^2/2 - z^3/3 - \cdots$ である. これと (5.5) を併せて, $\mathrm{Log}(1+z)/(1-z) = 2\sum_{k=0}^{\infty} \dfrac{z^{2n+1}}{2n+1}$ を得る.

5.10 一般のベキ乗関数, およびその主値については 3.5 節の D 項を参照せよ. $f(z) = (1+z)^\alpha$ とおくと, 定義より $f'(z) = \alpha(1+z)^{\alpha-1}$, $f''(z) = \alpha(\alpha-1)(1+z)^{\alpha-2}, \ldots, f^{(n)}(z) = \alpha(\alpha-1)\cdots(\alpha-n+1)(1+z)^{\alpha-n}$ である. ここで $z=0$ とおけば, 主値を考えているので $\mathrm{Arg}\, 1 = 0$ であることに注意して, $f^{(n)}(0) = \alpha(\alpha-1)\cdots(\alpha-n+1)$ を得る. したがって $f(z) = \sum_{n=0}^{\infty} \alpha(\alpha-1)\cdots(\alpha-n+1)z^n/n! = \sum_{n=0}^{\infty} \binom{\alpha}{n} z^n$ を得る. ここで $\binom{\alpha}{n} = \alpha(\alpha-1)\cdots(\alpha-n+1)/n!$ は一般化された 2 項係数である. $f(z)$ の特異点が $z = -1$ にあることに注意すれば, このベキ級数の収束半径は 1 であることがわかる.

5.11 (1) $f(z) = \sinh z = 0$ は $e^z = \pm 1$ と同値だから, これを解いて, $z = n\pi i$ ($n = 0, \pm 1, \pm 2, \ldots$) を得る. $f'(n\pi i) = \cosh(n\pi i) = (-1)^n \neq 0$ であるから, これらはすべての 1 位の零点である.
(2) $f(z) = 1 - \cos z = 0$ を解いて, $z = 2n\pi$ (n 整数) である. $f'(2n\pi) = 0$, $f''(2n\pi) = 1 \neq 0$ より $f(z)$ は $z = 2n\pi$ で 2 位の零点をもつ. よって $(1-\cos z)^2$ は $z = 2n\pi$ で 4 位の零点をもつ.
(3) $f(z) = z \sin z = 0$ を解いて, $z = 0$ および $z = n\pi$ ($n \neq 0$ は整数) を得る. ここで $z = 0$ は 2 位の零点で, その他は 1 位の零点である. したがって, $(f(z))^2$ については $z = 0$ は 4 位の零点で, $z = n\pi$ ($n \neq 0$) は 2 位の零点である.
(4) $f(z) = \mathrm{Log}(1+z)/(1-z) = 0$ を解くと, $(1+z)/(1-z) = 1$ より $z = 0$ を得る. $z = 0$ は練習問題 5.9 の結果から $f(z)$ の 1 位の零点である.

5.12 $\omega = a + ib$ ($b \neq 0$) とおくと, 実軸上の単位ベクトル $\boldsymbol{e}_1$ と平面のベクトル $a\boldsymbol{e}_1 + b\boldsymbol{e}_2$ ($\boldsymbol{e}_2$ は虚軸上の単位ベクトル) は一次独立であるから, 任意の複素数 z に対して, 適当に実数 p, q を選べば $z = p + q\omega$ と一意的に表すことができる. ここで, さらに $p = n + \epsilon, q = m + \eta$ ($m, n \in \mathbb{Z}, 0 \leq \epsilon, \eta < 1$) とおけば, 周期性の条件より $f(z) = f(\epsilon + \eta\omega)$ となる. よって, $f(z)$ の値はすべて, 複素平面上 1 と ω で作られる平行四辺形の周および内部の値で決まってしまうことになる. ところが, $f(z)$ は全平面で正則であり, このような平行四辺形の周および内部からなる有界閉集合上で連続であるから, もちろん有界である. したがって, 全平面で有界となり, リウヴィルの定理により定数関数となる.

5.13 (1) 最大値は $|z| = 2$ 上にあるから, $z = 2e^{i\theta}$ ($0 \leq \theta < 2\pi$) とおくと, $e^z = \exp(2e^{i\theta}) = \exp(2(\cos\theta + i\sin\theta))$ であるから $|e^z| = \exp(2\cos\theta)$ となる.

よって最大値は $\theta = 0$ のとき e^2 である.

(2) 境界の点 z は $z = \pi + e^{i\theta}$ $(0 \leq \theta < 2\pi)$ とおくことができる．よって $e^z = \exp(\pi + e^{i\theta}) = e^\pi \exp(e^{i\theta})$ より $|e^z| = e^\pi \exp(\cos\theta)$ であるからその最大値は $\theta = 0$ のとき $e^{\pi+1}$ である．

(3) $z = e^{i\theta}$ とおくと，$f(z) = z^3 - 2z^2 + 3z - 4 = e^{3i\theta} - 2e^{2i\theta} + 3e^{i\theta} - 4$ である．3角不等式より $|f(z)| \leq |e^{3i\theta}| + 2|e^{2i\theta}| + 3|e^{i\theta}| + 4 = 10$ であり，$\theta = \pi$ とおけば，等号が成り立つので，最大値は 10 である．

第 6 章

6.1 $\cos z = 1 - \dfrac{z^2}{2} + \dfrac{z^4}{4!} + \cdots$ より，$\dfrac{1 - \cos z}{z^3} = \dfrac{1}{2z} - \dfrac{z}{4!} + \cdots = \displaystyle\sum_{n=1}^{\infty} (-1)^{n-1} \dfrac{z^{2n-3}}{(2n)!}$.

6.2 $u = z - \pi/2$, すなわち $z = u + \pi/2$ とおけば，$f(z) = \dfrac{\sin(u + \pi/2)}{\cos(u + \pi/2)} = -\dfrac{\cos u}{\sin u}$ であるから，$f(z) = -\dfrac{1 - u^2/2 + u^4/4! + \cdots}{u(1 - u^2/6 + u^4/5! + \cdots)} = -\dfrac{1}{u}(1 - u^2/2 + u^4/4! + \cdots)(1 + u^2/6 + \cdots) = -\dfrac{1}{u} + \dfrac{1}{3}u + \ldots$ となる．したがって，$f(z)$ の $z = \pi/2$ を中心とするローラン展開の主要部は $-1/(z - \pi/2)$ である．

6.3 $u = z - 1$, すなわち $z = u + 1$ とおくと，$f(z) = \exp(u+1)/u = \exp(1 + 1/u) = e\exp(1/u) = e\displaystyle\sum_{n=0}^{\infty} \dfrac{1}{n!}\dfrac{1}{u^n} = e\displaystyle\sum_{n=0}^{\infty} \dfrac{1}{n!}\dfrac{1}{(z-1)^n}$ となる．

6.4 $u = z - 2$ とおくと，$f(z) = 1/u(u+1) = g(u)$ となる．部分分数に分ければ，$g(u) = \dfrac{1}{u} - \dfrac{1}{1+u}$ であるから，$\dfrac{1}{u} + \displaystyle\sum_{n=0}^{\infty} (-1)^{n-1} u^n = \displaystyle\sum_{n=-1}^{\infty} (-1)^{n-1}(z-2)^n$ $(|z-2| < 1)$ となる．

6.5 (1) $\dfrac{1}{(z-2)^2} = \dfrac{1}{4(1-z/2)^2} = \dfrac{1}{4}(\displaystyle\sum_{n=0}^{\infty}(z/2)^n)^2 = \dfrac{1}{4}\displaystyle\sum_{n=0}^{\infty}(n+1)(z/2)^n$.

(2) $\dfrac{1}{(z-2)^2} = \dfrac{1}{z^2}\dfrac{1}{(1-2/z)^2} = 1/z^2(\displaystyle\sum_{n=0}^{\infty}(2/z)^n)^2 = \displaystyle\sum_{n=0}^{\infty}\dfrac{(n+1)2^n}{z^{n+2}}$. $g(z) = 1/(2-z)$ とおけば，与えられた関数は $g'(z)$ となることに気がつけば，まず $g(z)$ のローラン展開を求めて，それを項別に微分したほうが計算が簡単かもしれない．

6.6 $f(z) = \dfrac{z}{(z-1)(z-2)} = \dfrac{-1}{z-1} + \dfrac{2}{z-2}$ であることに注意する．

(1) $f(z) = \sum_{k=0}^{\infty}(1 - (1/2)^k)z^k$ である．これはテイラー展開．

(2) $f(z) = \dfrac{-1}{z}\dfrac{1}{1-1/z} - \dfrac{1}{1-z/2} = -\displaystyle\sum_{n=1}^{\infty}\dfrac{1}{z^n} - \sum_{n=0}^{\infty}\dfrac{z^n}{2^n}$.

(3) $f(z) = \dfrac{-1}{z}\dfrac{1}{1-1/z} + \dfrac{2}{z}\dfrac{1}{1-2/z} = -\displaystyle\sum_{n=1}^{\infty}\dfrac{1}{z^n} + \sum_{n=1}^{\infty}\dfrac{2^n}{z^n} = \sum_{n=1}^{\infty}\dfrac{2^n-1}{z^n}$.

(4) $u=z-1$ とおくと, $f(z) = -\dfrac{1}{u} + \dfrac{2}{u-1} = -\dfrac{1}{u} + \dfrac{2}{u}\dfrac{1}{1-1/u} = -\dfrac{1}{u} + \displaystyle\sum_{n=0}^{\infty}\dfrac{2}{u^{n+1}}$ である. よって $f(z) = \dfrac{1}{z-1} + \displaystyle\sum_{n=2}^{\infty}\dfrac{2}{(z-1)^n}$.

(5) $u=z-2$ とおくと, $f(z) = -\dfrac{1}{1+u} + \dfrac{2}{u}$ である. よって $f(z) = -\displaystyle\sum_{n=0}^{\infty}(-1)^n(z-2)^n - \dfrac{2}{z-2}$ となる.

6.7 $f(z) = \dfrac{z}{z+z^2/2+z^3/6+\cdots} = \dfrac{1}{1+z/2+z^2/6+\cdots} = 1 - \dfrac{z}{2} + \dfrac{z^2}{12} - \cdots$ により, $B_0=1, B_1=-1/2, B_2=1/6$ であることがわかる. いま $g(z) = f(z)+z/2$ とおく. $B_{2n+1}=0\ (n\geq 1)$ を証明するには, $g(z)$ が偶関数であることを示せばよい. $g(z) = \dfrac{z}{2}\dfrac{e^{z/2}+e^{-z/2}}{e^{z/2}-e^{-z/2}} = \dfrac{z}{2}\coth(z/2)$ であるから, $\coth(z/2)$ が奇関数であることに注意すれば, $g(z)$ が偶関数であることがわかる.

6.8 (1) 練習問題 6.7 の結果より, $f(2z)+z = z\coth z$ であるから, $\coth z = \dfrac{f(2z)+z}{z} = \dfrac{1}{z}(B_0 + \dfrac{B_2}{2}(2z)^2 + \dfrac{B_4}{4!}(2z)^4 + \cdots)$ を得る. $\cot z = \coth(iz)$ であるから $\cot z = \displaystyle\sum_{n=0}^{\infty}\dfrac{B_{2n}(-1)^n 2^{2n} z^{2n-1}}{(2n)!} = \dfrac{1}{z} - \dfrac{z}{3} - \dfrac{z^3}{45} + \cdots$ であることがわかる. 収束域は $\cot z$ の特異点 (極) が $n\pi$ にあることより, $0 < |z| < \pi$.

(2) $\tan z = \cot z - 2\cot(2z)$ であることに注意して, (この公式に気がつかないと難しい) (1) の結果を用いれば, $\tan z = \displaystyle\sum_{n=1}^{\infty}\dfrac{(-1)^{n-1}2^{2n}(2^{2n}-1)B_{2n}}{(2n)!}z^{2n-1}$ を得る. これが求める $\tan z$ のマクローリン展開. 収束域は, $\tan z$ の特異点 (極) が $(n+1/2)\pi$ にあることより $|z| < \pi/2$.

6.9 (1) 特異点は $z=1$ でこれは 3 位の極である. したがって, この関数は平面全体で有理型となる. 極 $z=1$ におけるローラン展開を求めるために, $z=u+1$ とおくと $\dfrac{z^3+z^2+z}{(z-1)^3} = \dfrac{u^3+4u^2+6u+3}{u^3} = 1 + \dfrac{4}{u} + \dfrac{6}{u^2} + \dfrac{3}{u^3}$. よって, 求めるローラン展開の主要部は $\dfrac{3}{(z-1)^3} + \dfrac{6}{(z-1)^2} + \dfrac{4}{z-1}$.

(2) 特異点は $z=0$ および $z=-\pi$ である. $z\to 0$ とすると関数値は $1/\pi^2$

に近づくから, $z = 0$ は除去可能な特異点である. $z = -\pi$ は明らかに極である (極の位数は 2 以下である). したがって, 与えられた関数は平面全体で有理型. $z = -\pi$ におけるローラン展開を得るため $u = z + \pi$ とおく. そのとき,
$$f(z) = \frac{e^{2z}\sin z}{z(z+\pi^2)^2} = \frac{e^{-2\pi}e^{2u}\sin(u-\pi)}{(u-\pi)u^2} = \frac{e^{-2\pi}}{\pi}\frac{e^{2u}\sin u}{(1-u/\pi)u^2}$$ であるから,
$$f(z) = \frac{e^{-2\pi}}{\pi}\frac{1}{u^2}(1+2u+2u^2+\cdots)(u-u^3/6+\cdots)(1+u/\pi+u^2/\pi^2+\cdots) =$$
$$\frac{e^{-2\pi}}{\pi}\frac{1}{u}(1+2u+\cdots)(1-u^2/6+\cdots)(1+u/\pi+\cdots)$$ となる. よって, ローラン展開の主要部は $\dfrac{e^{-2\pi}}{\pi u} = \dfrac{e^{-2\pi}}{\pi(z+\pi)}$ となる. 同時に $z = -\pi$ が 1 位の極であることもわかる.

(3) 特異点は $z = 0$ (3 位の極) および $z = \pm i$ (1 位の極) である. したがって, この関数は全平面で有理型. $z = 0$ におけるローラン展開は $f(z) = \dfrac{1}{z^3}(1+z)(1-z^2+z^4+\cdots) = \dfrac{1}{z^3}(1+z-z^2-z^3+\cdots)$ であり, その主要部は $\dfrac{1}{z^3} + \dfrac{1}{z^2} - \dfrac{1}{z}$ である. 次に, 1 位の極 $z = i$ におけるローラン展開の主要部 $\dfrac{\alpha}{z-i}$ を求める. $\alpha = \lim_{z\to i}(z-i)f(z) = \dfrac{1+i}{i^3 2i} = \dfrac{1+i}{2}$ より $\dfrac{1+i}{2(z-i)}$ が主要部. 同様にして, $z = -i$ におけるローラン展開の主要部は $\dfrac{1-i}{2(z+i)}$ である.

6.10 (1) 特異点は $z = 0$ であるが, $\sin z - z = -\dfrac{z^3}{6} + \cdots$ から, $\lim_{z\to 0}\dfrac{\sin z}{z^3} = -\dfrac{1}{6}$ より $z = 0$ は除去可能な特異点.

(2) $\dfrac{1}{(2\sin z - 1)^2}$ は $2\sin z = 1$ となる点を除いて平面全体で正則. 特異点は $\sin z = 1/2$ より, $\alpha_n = n\pi + (-1)^n\pi/6$. $g(z) = 2\sin z - 1$ とおくと, $g(\alpha_n) = 0$, $g'(\alpha_n) \neq 0$ であるから α_n は $g(z)$ の 1 位の零点であり, したがって, α_n は $(2\sin z - 1)^{-2}$ の 2 位の極.

(3) 特異点は $z = 0$. 加法定理で展開すれば, $\cos(z + \dfrac{1}{z}) = \cos z \cos\dfrac{1}{z} - \sin z \sin\dfrac{1}{z}$ である. これより $z = 0$ におけるローラン展開が得られるが, 明らかにその主要部は z に関する無限の負ベキを含んでいる. したがって $z = 0$ は真性特異点.

(4) 特異点は $z = 0$ および $g(z) = e^{1/z} - e = 0$ となる点. 例 6.9 と同様な議論により $z = 0$ は真性特異点. また $e^{1/z} - e = 0$ となる点は $z_n = \dfrac{1}{1+2n\pi i}$ であり, $g'(z_n) \neq 0$ であることより z_n は $g(z)$ の 1 位の零点. したがって, $z_0 = 1$ 以外の特異点 $z_n (n \neq 0$ は 1 位の極で, $z_0 = 1$ は $\lim_{z\to 1}\dfrac{z-1}{e^{1/z} - e} = -\dfrac{1}{e}$ より, 除去可能な特異点.

6.11 (1) $\zeta = 1/z$ とおけば $f(z) = \dfrac{z^4}{(z-2)^2} = \dfrac{1}{\zeta^2(1-2\zeta)^2} = \dfrac{1}{\zeta^2(1-4\zeta+4\zeta^2)}$

$$= \frac{1}{\zeta^2}(1 + 4\zeta - 4\zeta^2 + (4\zeta - 4\zeta^2)^2 + O(\zeta^3)) = \frac{1}{\zeta^2} + \frac{4}{\zeta} + 12 + O(\zeta)$$ であるから，$z^2 + 4z$ が $f(z)$ の $z = \infty$ (2位の極) におけるローラン展開の主要部．ローラン展開の収束域は，$|\zeta| < 1/2$ より $|z| > 2$.

(2) $\zeta = 1/z$ とおく．そのとき $f(z) = z^3 \sin\frac{1}{z} = \frac{1}{\zeta^3}\sin\zeta = \frac{1}{\zeta^3}(z - \zeta^3/3! + \zeta^5/5! + \cdots) = \frac{1}{\zeta^2} - \frac{1}{6} + O(\zeta^2)$ であるから，z^2 が $f(z)$ の $z = \infty$ (2位の極) におけるローラン展開の主要部．ローラン展開の収束域は $|z| > 0$.

(3) $\zeta = 1/z$ とおけば，$f(z) = \frac{\cos z}{z^4} = \zeta^4 \cos\frac{1}{\zeta} = \zeta^4 \sum_{n=0}^{\infty}\frac{1}{(2n)!}\frac{1}{\zeta^{2n}} = \sum_{n=0}^{\infty}\frac{1}{(2n)!}\frac{1}{\zeta^{2n-4}}$ であるから，この $z = \infty$ におけるローラン展開の主要部は $\sum_{n=3}^{\infty}\frac{z^{2n-4}}{(2n)!}$ となり，$z = \infty$ は真性特異点．収束域は $|z| > 0$.

第7章

7.1 $\dfrac{1}{\sin z}$ の特異点は $\sin z = 0$ の解であり，よって特異点は $z_n = n\pi$. $\displaystyle\lim_{z \to n\pi}\frac{z - n\pi}{\sin z} = \lim_{u \to 0}\frac{u}{(-1)^n \sin u} = (-1)^n$ より，$z_n = n\pi$ はすべて1位の極で，留数は $\mathrm{Res}(n\pi, 1/\sin z) = (-1)^n$.

7.2 (1) 特異点は $z^4 + a^4 = 0$ より，$z = ae^{i\pi/4} = a\omega$, $ae^{3\pi/4} = ai\omega$, $ae^{5\pi/4} = -a\omega$, $ae^{7\pi/4} = -ai\omega$. ただし，$\omega = e^{i\pi/4}$. これらはすべて1位の極で，そのうち上半平面にあるのは $a\omega, ai\omega$. 留数は

$$\mathrm{Res}(a\omega) = \lim_{z \to a\omega}\frac{z - a\omega}{z^4 + a^4} = \lim_{z \to a\omega}\frac{1}{(z - ai\omega)(z + a\omega)(z + ai\omega)} = -\frac{\omega}{4a^3}$$

である．まったく同様な計算で，$\mathrm{Res}(ai\omega) = -\dfrac{i\omega}{4a^3}$.

(2) $z^4 + z^2 + 1 = 0$ の解は $z^6 - 1 = 0$ の $z = \pm 1$ 以外の解であるから $z = e^{\pi i/3}, e^{2\pi i/3}, e^{4\pi i/3}, e^{5\pi i/3}$ である．これらが与えられた関数の特異点で，すべて1位の極．このうち上半平面にあるのは，$z = e^{\pi i/3}, e^{2\pi i/3}$ であり，$\omega = e^{\pi i/3}$ とおけば，これらは ω, ω^2 と表される．$\omega^3 = -1$ に注意すれば，$\mathrm{Res}(\omega) = \displaystyle\lim_{z \to \omega}\frac{z - \omega}{z^4 + z^2 + 1} = \dfrac{1}{(\omega - \omega^2)(\omega - \omega^4)(\omega - \omega^5)} = -\dfrac{1}{2}\dfrac{1}{(1-\omega)(1+\omega)} = -\dfrac{1}{2(1-\omega^2)}$. ここで $\omega^2 = \dfrac{-1 + \sqrt{3}i}{2}$ を用いれば，$\mathrm{Res}(\omega) = -\dfrac{1}{4} - \dfrac{1}{4\sqrt{3}}i$ となる．まったく同様な計算により，$\bar{\omega} = \omega^5$ を用いて $\mathrm{Res}(\omega^2) = \dfrac{1}{2}\dfrac{1}{1-\omega^4} = \dfrac{1}{2}\dfrac{1}{1-\bar{\omega}^2} = -\overline{\mathrm{Res}(\omega)} = \dfrac{1}{4} - \dfrac{1}{4\sqrt{3}}i$ を得る．

(3) $z^4+10z^2+9=0$ を解いて $z=\pm i, \pm 3i$. よって与えられた関数の上半平面の特異点は $z=i, 3i$. これらはともに 1 位の極である.留数はそれぞれ $\mathrm{Res}(i) = \lim_{z\to i}(z-i)f(z) = -\dfrac{1+i}{16}$ および $\mathrm{Res}(3i) = \lim_{z\to 3i}(z-3i)f(z) = \dfrac{3-7i}{48}$.

7.3 (1) $z^2+2z+2=0$ を解いて, $z=-1\pm i$ を得る.これらは 2 位の極.そのうち上半平面にあるのは $z=-1+i$ で,留数は $\mathrm{Res}(-1+i) = \lim_{z\to -1+i}\dfrac{d}{dz}(z+1-i)^2 f(z) = \lim_{z\to -1+i}\dfrac{2z(1+i)}{(z+1+i)^3} = \dfrac{1}{2i}$ である.

(2) $z^2+1=0$ を解いて $z=\pm i$. これらは 3 位の極で,上半平面にあるのは $z=i$ である.留数は $\lim_{z\to i}\dfrac{1}{2}\dfrac{d^2}{dz^2}(z-i)^3 f(z) = \lim_{z\to i}\dfrac{1}{2}\dfrac{12}{(z+i)^5} = \dfrac{3}{16i}$.

(3) 与えられた関数の特異点は $z=\pm ai, \pm bi$ であり, $\pm ai$ は 1 位の極で, $\pm bi$ は 2 位の極.$a, b>0$ だから,そのうち上半平面にあるのは ai, bi で,留数は $\mathrm{Res}(ai) = \lim_{z\to ai}(z-ai)f(z) = \dfrac{1}{2ai(a^2-b^2)^2}$ および $\mathrm{Res}(bi) = \lim_{z\to bi}\dfrac{d}{dz}(z-bi)^2 f(z) = -\dfrac{(2bi)^3+2(a^2-b^2)(2bi)}{(a^2-b^2)^2(2bi)^4} = -\dfrac{1}{2bi(a^2-b^2)^2} + \dfrac{1}{4b^3 i(a^2-b^2)}$ である.

7.4 (1) 特異点は $z=\pm bi$ で,これらは 2 位の極.よって

$$\mathrm{Res}(bi) = \lim_{z\to bi}\dfrac{d}{dz}\dfrac{(z-bi)^2 e^{iaz}}{z^2+b^2} = \lim_{z\to bi}\dfrac{(-2+ai(z+bi))e^{iaz}}{(z+bi)^3} = \dfrac{(ab+1)e^{-ab}}{4b^3 i}.$$

同様な計算で $\mathrm{Res}(-bi) = \dfrac{(ab-1)e^{ab}}{4b^3 i}$ を得る.

(2) 特異点は $z^2-3z+2=(z-1)(z-2)$ より $z=1, 2$ であり,これらは(実軸上にある) 1 位の極である.留数は $\mathrm{Res}(1) = \lim_{z\to 1}\dfrac{ze^{iz}}{z-2} = -e^i$, $\mathrm{Res}(2) = \lim_{z\to 2}\dfrac{ze^{iz}}{z-1} = 2e^{2i}$.

(3) 特異点は $z=0$ と $z=\pm a$ である.これらは実軸上にあり, 1 位の極.$\mathrm{Res}(0) = \lim_{z\to 0}\dfrac{e^{iz}}{(z-a)^2} = -\dfrac{1}{a^2}$ また $\mathrm{Res}(a) = \lim_{z\to a}\dfrac{e^{iz}}{z(z+a)} = \dfrac{e^{ia}}{2a^2}$, $\mathrm{Res}(-a) = \dfrac{e^{-ia}}{2a^2}$ を得る.

7.5 (1) $g(z)$ の特異点は $z=-1$ (2 位の極)と $z=\pm i$ (1 位の極).これらは $|z|=r\,(r>1)$ の内部に含まれ,それぞれの留数は $\mathrm{Res}(-1, g)=-3, \mathrm{Res}(\pm i, g) = -1/2$ である.したがって $\displaystyle\int_{|z|=r} g(z)dz = 2\pi i(-3+(-1/2)\cdot 2) = -8\pi i$.

(2) $r>1$ だから, $z=\infty$ 以外の $g(z)$ の特異点はすべて $|z|=r$ の内部に含まれることに注意する.$g(z)$ の $|z|=r$ 上の線積分は,$\mathrm{Res}(\infty, g(z))=4$ であることより,$-2\pi i\,\mathrm{Res}(\infty, g) = -8\pi i$ となる.

7.6 (1) 問題 7.1 の結果より,$\mathrm{Res}(\infty, f) = -1$ である.

(2) $z = \infty$ 以外の $f(z)$ の特異点は $z = -1$ (1位の極) および $z = 2$ (1位の極) であり, その留数は, それぞれ $\operatorname{Res}(-1, f) = 1/9$, $\operatorname{Res}(2, f) = 8/9$. したがって, 求める積分は $0 < r < 1$ なら 0, $1 < r < 2$ なら $2\pi i \operatorname{Res}(-1, f) = 2\pi/9$, $r > 2$ なら $2\pi i (\operatorname{Res}(-1, f) + \operatorname{Res}(2, f)) = 2\pi i$. $r > 2$ の場合, 無限遠点での留数を用いて $-2\pi i \operatorname{Res}(\infty, f) = 2\pi i$ としてもよい.

7.7 (1) $z = e^{i\theta}$ とおけば,

$$\int_0^{2\pi} \frac{d\theta}{a + b\sin\theta} = \int_{|z|=1} \frac{dz/(iz)}{a + b(z - z^{-1})/(2i)} = \int_{|z|=1} \frac{2dz}{bz^2 + 2aiz - b}$$

$a > b > 0$ に注意すれば, 右辺の被積分関数の特異点は $\alpha = i(-a + \sqrt{a^2 - b^2})/b$ および $\beta = -i(a + \sqrt{a^2 - b^2})/b$. これらは1位の極であり, そのうち $|z| < 1$ にあるのは $z = \alpha = i(-a + \sqrt{a^2 - b^2})/b$ で, 留数は $\operatorname{Res}(\alpha) = \lim_{z \to \alpha} \frac{2(z - \alpha)}{b(z - \alpha)(z - \beta)} = \frac{2}{b(\alpha - \beta)} = \frac{1}{\sqrt{a^2 - b^2}i}$. よって求める積分値はこれに $2\pi i$ をかけて $\frac{2\pi}{\sqrt{a^2 - b^2}}$.

(2) $z = e^{i\theta}$ とおけば,

$$\int_0^{2\pi} \frac{d\theta}{(a + b\cos\theta)^2} = \int_{|z|=1} \frac{dz/(iz)}{(a + b(z + z^{-1})/2)^2} = \frac{4}{i} \int_{|z|=1} \frac{zdz}{(bz^2 + 2az + b)^2}$$

となる. $0 < b < a$ に注意すると, 上式の右辺の被積分関数は $\alpha = (-a + \sqrt{a^2 - b^2})/b$ および $\beta = (-a - \sqrt{a^2 - b^2})/b$ で2位の極をもつ. これらの極のうち $|z| < 1$ にあるのは $z = \alpha$ であり, その留数は

$$\lim_{z \to \alpha} \frac{d}{dz} \frac{z}{b^2(z - \beta)^2} = \lim_{z \to \alpha} \frac{-z - \beta}{b^2(z - \beta)^3} = \frac{2a/b}{b^2(2\sqrt{a^2 - b^2}/b)^3} = \frac{a}{4(\sqrt{a^2 - b^2})^3}.$$

したがって, 求める積分値はこれに $4/i$ と $2\pi i$ をかけて $\frac{2\pi a}{(\sqrt{a^2 - b^2})^3}$.

7.8 (1) $z = e^{i\theta}$ とおけば,

$$\int_0^{2\pi} \frac{d\theta}{1 - 2a\cos\theta + a^2} = -\frac{1}{i} \int_{|z|=1} \frac{dz}{(az - 1)(z - a)} \quad (0 < a < 1)$$

を得る. 上式の右辺の積分の被積分関数は $z = a, 1/a$ で1位の極をもち, $0 < a < 1$ より, そのうち単位円の内部にあるのは $z = a$. またその留数は $\operatorname{Res}(a) = \frac{1}{a^2 - 1}$. この値に $-1/i$ と $2\pi i$ をかけて積分値 $\frac{2\pi}{1 - a^2}$ を得る.

(3) まず積分 $I = \int_0^{2\pi} \frac{\cos n\theta d\theta}{1 - 2a\cos\theta + a^2}$ を考えると, $\cos\theta, \cos n\theta$ が周期 2π をもつことから積分範囲を $-\pi$ から π としてもよいことがわかる. さらに $\cos\theta, \cos n\theta$

が偶関数であることから，I は 0 から π まで積分したものの 2 倍である．次に，複素関数 $f(z) = \dfrac{z^n}{1-a(z+z^{-1})+a^2}$ を考え，$z=e^{i\theta}$ とおいて実部をとれば，$\dfrac{\cos n\theta}{1-2a\cos\theta+a^2}$ であるから，$f(z)$ を $|z|=1$ 上で θ について積分し，実部をとれば I の値が得られる．積分変数を θ から z に変えれば，$\displaystyle\int_{|z|=1}\dfrac{z^n dz/(iz)}{1-a(z+z^{-1})+a^2} = -\dfrac{1}{i}\displaystyle\int_{|z|=1}\dfrac{z^n dz}{(az-1)(z-a)}$ となる．被積分関数の特異点は $z=a, 1/a$（ともに 1 位の極）である．まず (i) $0<a<1$ の場合を考える．そのとき $|z|=1$ の内部にある極は $z=a$ であり，そこでの留数は $\mathrm{Res}(a)=\dfrac{a^n}{a^2-1}$ だから，$-1/i$ と $2\pi i$ をかけたものが実数になることに注意して，$I=\dfrac{2\pi a^n}{1-a^2}$ を得る．よって求める積分値は $\dfrac{I}{2}$．(ii) $a>1$ の場合は $|z|=1$ の内部にある極は $z=1/a$ で，その留数は $\mathrm{Res}(1/a)=\dfrac{1}{a^n(1-a^2)}$．よって $I=\dfrac{2\pi}{a^n(a^2-1)}$．求める積分はこの場合も $\dfrac{I}{2}$．

7.9 練習問題 7.2 の結果を用いる．
(1) 被積分関数が偶関数だから，求める積分値は $-\infty$ から ∞ の積分の半分である．$\dfrac{1}{z^4+a^4}$ の上半平面にある極は $\omega=e^{i\pi/4}=\dfrac{1}{\sqrt{2}}(1+i)$ とおけば，$a\omega, ai\omega$ であり，その留数はそれぞれ $-\dfrac{\omega}{4a^3}, -\dfrac{i\omega}{4a^3}$ となる．これらの留数を加えて $-\dfrac{i}{2\sqrt{2}a^3}$ を得るから，求める積分の値は $2\pi i$ をかけて 2 で割って $\dfrac{\pi}{2\sqrt{2}a^3}$．
(2) この場合も被積分関数が偶関数であり，求める積分値は $-\infty$ から ∞ の積分の半分．$\omega=e^{\pi i/3}$ とおけば，上半平面の極は ω, ω^2 で，その留数は $\mathrm{Res}(\omega)=-\dfrac{1}{4}-\dfrac{1}{4\sqrt{3}}i$ および $\mathrm{Res}(\omega^2)=-\overline{\mathrm{Res}}(\omega)=\dfrac{1}{4}-\dfrac{1}{4\sqrt{3}}i$ である．したがって，和をとって $\dfrac{-1}{2\sqrt{3}}i$ を得る．この値に $2\pi i$ をかけて 2 で割れば，積分値 $\dfrac{\pi}{2\sqrt{3}}$ を得る．
(3) 被積分関数の上半平面にある特異点は $z=i, 3i$ で，そこにおける留数はそれぞれ $\mathrm{Res}(i)=\displaystyle\lim_{z\to i}(z-i)f(z)=-\dfrac{1+i}{16}, \mathrm{Res}(3i)=\displaystyle\lim_{z\to 3i}(z-3i)f(z)=\dfrac{3-7i}{48}$ である．よってこれらを加えて $2\pi i$ をかけて，積分値 $\dfrac{5\pi}{12}$ を得る．

7.10 (1) は例 7.3 の結果を用い，その他は，練習問題 7.3 の結果を用いる．
(1) 被積分関数の上半平面にある特異点は $z=-2+i$ で，その留数は $\mathrm{Res}(-2+i)=\dfrac{1}{4i}$．したがって，求める積分値は $\pi/2$．
(2) 練習問題 7.3 の (1) より，被積分関数の上半平面にある特異点は $z=-1+i$（2

位の極)で，その留数は $\mathrm{Res}(-1+i) = \dfrac{1}{2i}$．したがって，求める積分値は π．

(3) 練習問題 7.3 の (2) より，被積分関数の上半平面にある特異点は $z = i$ (3位の極)で，その留数は $\mathrm{Res}(i) = \dfrac{3}{16i}$．したがって，求める積分値は $\dfrac{3\pi}{8}$．

7.11 練習問題 7.3(3) より $\mathrm{Res}(ai) + \mathrm{Res}(bi) = \dfrac{a+2b}{4ab^3 i (a+b)^2}$ となる．これに $2\pi i$ をかけて求める積分値は $= \dfrac{\pi(a+2b)}{2ab^3(a+b)^2}$．

7.12 $f(z) = \dfrac{ze^{\pi i z}}{z^2 + 2z + 5}$ について考える．$f(z)$ の特異点は $z = -1 \pm 2i$ で 1 位の極である．そのうち上半平面にあるのは $\alpha = -1 + 2i$ で，その留数は $\mathrm{Res}(\alpha, f) = \lim_{z \to \alpha}(z - \alpha)f(z) = \dfrac{(-1+2i)e^{\pi i (-1+2i)}}{\alpha - \bar{\alpha}} = \dfrac{(1-2i)e^{-2\pi}}{4i}$．したがって，$2\pi i$ をかけて実部，虚部をとれば，それぞれ (1) $\displaystyle\int_{-\infty}^{\infty} \dfrac{x \cos \pi x}{x^2 + 2x + 5} dx = \dfrac{\pi}{2} e^{-2\pi}$ および (2) $\displaystyle\int_{-\infty}^{\infty} \dfrac{x \sin \pi x}{x^2 + 2x + 5} dx = -\pi e^{-2\pi}$ を得る．

7.13 まず被積分関数は偶関数であるから求める積分値は $-\infty$ から ∞ の積分の $1/2$ であることに注意する．練習問題 7.4(1) の結果によれば，複素関数 $\dfrac{e^{iaz}}{(z^2+b^2)^2}$ の上半平面にある特異点は bi $(b > 0)$ で 2 位の極で，その留数は $\dfrac{(ab+1)e^{-ab}}{4b^3 i}$ である．したがって，$2\pi i$ をかけて 2 で割れば求める積分値 $\dfrac{\pi(ab+1)e^{-ab}}{4b^3}$ を得る．

7.14 (1) 練習問題 7.4(2) の結果によれば，複素関数 $\dfrac{ze^{iz}}{z^2 - 3z + 2}$ は実軸上に極 $z = 1, 2$ をもち，その留数は $\mathrm{Res}(1) = -e^i$, $\mathrm{Res}(2) = 2e^{2i}$ である．これらを加えて $2\pi i$ をかけて 2 で割れば，$\pi(-2\sin 2 + \sin 1) + \pi(2\cos 2 - \cos 1)i$ を得る．この実部と虚部をとって $\displaystyle\int_{-\infty}^{\infty} \dfrac{x \cos x}{x^2 - 3x + 2} dx = \pi(-2\sin 2 + \sin 1)$ および $\displaystyle\int_{-\infty}^{\infty} \dfrac{x \sin x}{x^2 - 3x + 2} dx = \pi(2\cos 2 - \cos 1)$ を得る．

(2) 練習問題 7.4(3) の結果によれば，複素関数 $\dfrac{e^{iz}}{z(z^2 - a^2)}$ は実軸上に極 $z = 0, \pm a$ をもち，その留数はそれぞれ $\mathrm{Res}(0) = -1/a^2$, $\mathrm{Res}(a) = \dfrac{e^{ia}}{2a^2}$, $\mathrm{Res}(-a) = \dfrac{e^{-ia}}{2a^2}$ である．これらを加えて $2\pi i$ をかけて 2 で割れば $\pi(-\dfrac{1}{a^2} + \dfrac{\cos a}{a^2})i$ が得られる．虚部を考えれば，$I = \displaystyle\int_{-\infty}^{\infty} \dfrac{\sin x}{x(x^2 - a^2)} dx = \dfrac{\pi}{a^2}(-1 + \cos a)$ を得る．被積分関数が偶関

数であることに注意すれば求める積分値は $I/2$.

7.15 $f(z)$ の特異点は $z=-1\pm i$ (4位の極) であり,零点は $z=-3$ (2位の零点) および $z=\pm i$ (3位の零点) である.これらの極と零点のうち $z=-3$ 以外はすべて $|z|=2$ の内部に含まれるから $\dfrac{1}{2\pi i}\displaystyle\int_{|z|=2} d\arg f(z)=3\cdot 2-4\cdot 2=-2$ を得る.

7.16 (1) 有理型関数 $f'(z)/f(z)=\cos z/\sin z$ の $|z|=3$ の内部にある特異点 (極) は $z=0$ だけであり,それは1位の極で留数は $\mathrm{Res}(0,\cos z/\sin z)=1$ である.したがって,$\dfrac{1}{2\pi i}\displaystyle\int_{|z|=3}\dfrac{f'(z)}{f(z)}dz=1$ である.
(2) 有理型関数 $f'(z)/f(z)=-\sin z/\cos z$ の $|z|=3$ の内部にある特異点 (極) は $z=\pm\pi/2$ であり,それは1位の極で,留数は $\mathrm{Res}(\pm\pi/2,-\sin z/\cos z)=1$ である.したがって,$\dfrac{1}{2\pi i}\displaystyle\int_{|z|=3}\dfrac{f'(z)}{f(z)}dz=2$.
(3) 有理型関数 $\dfrac{f'(z)}{f(z)}=\dfrac{\sec^2 z}{\tan z}=\dfrac{1}{\sin z\cos z}$ の $|z|=3$ の内部にある特異点 (極) は $z=0$ および $z=\pm\pi/2$ で,これらはすべて1位の極で,留数はそれぞれ

$$\mathrm{Res}\left(0,\dfrac{1}{\sin z\cos z}\right)=1,\quad \mathrm{Res}\left(\pm\dfrac{\pi}{2},\dfrac{1}{\sin z\cos z}\right)=-1$$

である.したがって,$\dfrac{1}{2\pi i}\displaystyle\int_{|z|=3}\dfrac{f'(z)}{f(z)}dz=-1$. 問題7.6の結果を使ってよいなら,

$$\int_C d\arg\left(\dfrac{\sin z}{\cos z}\right)=\int_C d\arg(\sin z)-\int_C d\arg(\cos z)$$

に (1),(2) の結果を代入すれば直ちに求める結果を得る.

7.17 $f(z)$ の零点は $z=\pm i$ (3位の零点), また特異点は $z=-1\pm i$ (1位の極) で,これらはすべて $|z|=2$ の内部にある.よって, (3.9) を用いて $\dfrac{1}{2\pi i}\displaystyle\int_{|z|=2}z^2\dfrac{f'(z)}{f(z)}dz=i^2\cdot 3+(-i)^2\cdot 3-(-1-i)^2-(-1+i)^2=-6$.

7.18 (1) $|z|=1$ では, $|z^5-z^3+2z^2|\le 1+1+2=4<5$ であるから,方程式 $z^5-z^3+2z^2+5=0$ の $|z|<1$ における解の個数は (方程式 $5=0$ 解の個数と同じで) 0 である. $n^5>n^3+2n^2+5$ が成り立てば $|z|=n$ 上で $|z|^5>|z|^3+2|z|^2+5|\ge|-z^3+2z^2+5|$ が成り立つから,このような n を求めればよい. $n=2$ とすれば十分.
(2) $|z|=1$ では $4=|-4z^3|>3\ge|z|^5+|z|^2+1>|z^5+z^2-1|$ であるから,考える方程式の $|z|=1$ の内部にある解の個数は,方程式 $z^3=0$ の重複度を含めた解の個数と同じであり,3個である. (1) の場合とまったく同様に考えて $|z|=3$ とす

れば，$243 = |z|^5 > 118 = 4|z|^3 + |z|^2 + 1 \geq |-4z^3 + z^2 - 1|$ であるから，考えている方程式は $|z| = 3$ の内部に（重複度をこめて）5個の解をもつ．これはすべての解が $|z| = 3$ の内部に含まれていることを意味する．

7.19 ヒントにより $\dfrac{1}{2\pi}\displaystyle\int_C d\arg f(z) = 1$ を示せばよい．
$C_r = \{z = x \mid 0 \leq x \leq R\}$, $C_R = \{z = Re^{it} \mid 0 \leq t \leq \pi/2\}$, $C_i = \{z = iy \mid R \geq y \geq 0\}$ とおくと，$C = C_r + C_R + C_i$ である（各曲線の向きは C の向きに一致させる）．C_r 上では，$f(z) = f(x)$ では偏角は変化しないので C_r 上の積分は 0 である，また，同様に C_i 上の積分も 0 であることがわかる．したがって，計算すべきは C_R 上の積分である．C_R 上では $\arg f(z) = \arg(z^4(1 + z^{-1} + z^{-4})) = \arg z^4 + \arg(1 + z^{-1} + z^{-4})$ である．ここで，R が十分大きければ，$|z| = R$ 上で $1/z + 1/z^4$ の絶対値は十分小さいので，$1 + 1/z + 1/z^4$ は 1 の十分近くしか動くことができず，$\arg(1 + 1/z + 1/z^4)$ は小さい値に留まる．したがって，$\displaystyle\int_{C_R} d\arg(1 + 1/z + 1/z^4)$ の絶対値は十分小さくなり，さらに $d\arg(1 + 1/z + 1/z^4)$ の C_r, C_i 上の積分は 0 だから，結局 $\displaystyle\int_C d\arg(1 + 1/z + 1/z^4)$ の絶対値は十分小さい値となる．ところがこの値は 2π の整数倍であるから結局 0 である（この議論は本質的にはルーシェの定理の証明と同じである）．よって $\dfrac{1}{2\pi}\displaystyle\int_{C_R} d\arg f(z) = \dfrac{1}{2\pi}\displaystyle\int_{C_R} d\arg z^4 = \dfrac{1}{2\pi}[4t]_0^{\pi/2} = 1$ が示され，必要な結果が得られた．

7.20 $|z| = 1$ 上で $|\alpha z^n| = |\alpha| > e$ であり，$|e^z| = |e^{x+iy}| = |e^x|$ である．$-1 \leq x \leq 1$ であることより，から $|e^z| \leq e$ となるから $|z| = 1$ 上で $|\alpha z^n| > |e^z|$ が成り立ち，ルーシェの定理により $|z| < 1$ における $\alpha z^n - e^z$ の解の個数は $\alpha z^n = 0$ の解の個数に等しくなる．すなわち，与えられた方程式の解の個数は重複度をこめて n 個である．

7.21 写像 $w = f(z) = z^2 + 2z + 1$ が z 平面の単一閉曲線 $|z| = 1$ を w 平面の単一閉曲線に写すことを示す．そのときダルブーの定理により，$f(z)$ は $|z| = 1$ の内部で単葉となる．像曲線が閉曲線であることは明らかだから，像曲線が自分自身と一度しか交わらないことを示せばよい．いま $|\alpha| = |\beta| = 1$ として $f(\alpha) = f(\beta)$ であると仮定すると，$(\alpha + \beta + 2)(\alpha - \beta) = 0$ となる．$|\alpha| = |\beta| = 1$ に注意すると，これが成り立つのは $\alpha = \beta$ のときだけである．

索引

■ア行■
位数 96
1次の複素微分形式 77
1次微分形式 70
1点 z_0 で正則 37
1の原始 n 乗根 14
1の n 乗根 14
一様収束 53
一致の定理 98

上に有界 4

オイラー（Euler）の公式 13, 63

■カ行■
開核 16
開写像 144
開集合 16
外点 16
回転指数 134
開被覆 20
外微分 74
外部 70
ガウスの平均値の定理 101
ガウス平面 9
下界 4
各点収束する 51

完全（微分）形式 70
完備性 3

基本列 3
逆像 29
級数 46
境界点 16
共通部分 15
共役な調和関数 39
共役複素数 6
極 109
極形式 10
虚数 5
虚数単位 4
虚部 5

空集合 15
グッツメル（Gutzmer）の不等式 101
区分的に滑らかな曲線 18

元 15
原始関数 79
原像 29

広義積分 128
────のコーシー主値 128
項比判定法 50

188 索引

コーシー・アダマール（Cauchy-Hadamard）の公式　58
コーシーの積分定理　80
コーシーの積分表示　88
コーシーの判定法　50
コーシーの評価式　94
弧状連結　19
コーシー・リーマン（Cauchy-Riemann）の関係式　34
コーシー（Cauchy）列　3
孤立点　17
孤立特異点　109
コンパクト　21

■サ行■
最小値の原理　102
最大値の原理　101
3角関数　64

指数関数　62
下に有界　4
実部　5
ジュウコフスキー（Joukowski）関数（変換）　26
集積点　17
収束する　44, 46
収束半径　56
主要部　105
シュワルツ（Schwartz）の予備定理　102
純虚数　5
上界　4
上極限　58
条件収束　48
除去可能な特異点　109
ジョルダンの曲線定理　70
ジョルダン（Jordan）閉曲線　70
真性特異点　109, 113

整関数　35
整級数　55
正項級数　49
正則　35, 37
正則曲線　18
積級数　48
絶対収束する　47
絶対値　9

双曲線関数　65
像集合　25

■タ行■
体　2
代数学の基本定理　99
対数関数　65
　　——の主値　66
多価関数　65
ダランベール（d'Alembert）の判定法　50
ダルブー（Darboux）の定理　145
単一閉曲線　70
単調減少　4
単調増加　4
単葉に写像する　145
単連結な領域　80

稠密性　3
調和関数　39

定義域　25
テイラー（Taylor）展開　92
点列　44
点列コンパクト　22

等角　40
ド・モアブル（De Moivre）の公式　13

■ナ行■
内点　16
内部　16, 70
　滑らかな曲線　18

2次の微分形式　74

■ハ行■
ハイネ・ボレル（Heine-Borel）の定理　19
パーセヴァル（Parseval）の等式　100
発散する　45, 46

微分可能　31
微分係数　31

複素関数　25
複素数　5
複素数列　44
複素平面　8
　拡張された——　115
部分集合　15
フレネル（Fresnel）積分　84

閉集合　16
閉包　16
平面におけるグリーン（Green）の定理　72
ベキ（冪）級数　55
ベキ乗関数　66
　——の主値　67
偏角　9
　——の原理　137
　——の主値　10

補集合　15

■マ行■
マクローリン（Maclaurin）展開　92

無限遠点　115
　——における留数　123
無限級数　46

■ヤ行■
有界集合　17
優級数　54
有理型　113
有理型関数　113
有理数体　2

要素　15

■ラ行■
リウヴィルの定理　98
リーマンの定理　110
留数　121
留数定理　123
領域　19

累乗判定法　50
ルーシェ（Rouché）の定理　140

零点　96
連結　19
連続　27
連続曲線　17
連続性　3

ローラン（Laurent）級数　105
ローラン展開　117

■ワ行■
和　69
ワイエルシュトラスの定理　114
ワイエルシュトラス・ボルツァーノ
　　（Weierstrass-Bolzano）の定理　19
和集合（合併集合）　15

著者紹介

渡邊芳英（わたなべ　よしひで）

1979年　京都大学大学院工学研究科 修士課程修了
専　攻　応用数学
現　在　同志社大学工学部・教授，工学博士
主要著書　『可積分系の応用数理』（共著，裳華房）

パワーアップ大学数学シリーズ
パワーアップ 複素関数

2001年4月30日　初版1刷発行
2017年4月1日　初版4刷発行

検印廃止

NDC 413.52

ISBN 978-4-320-01531-9

著者　渡邊芳英　© 2001
発行　共立出版株式会社／南條光章

東京都文京区小日向 4-6-19
電話（03）3947局2511番（代表）
〒112-0006／振替口座 00110-2-57035番
URL　http://www.kyoritsu-pub.co.jp/

印刷　㈱加藤文明社
製本　協栄製本㈱

一般社団法人
自然科学書協会
会員

Printed in Japan

JCOPY　<出版者著作権管理機構委託出版物>

本書の無断複製は著作権法上での例外を除き禁じられています。複製される場合は，そのつど事前に，出版者著作権管理機構（TEL：03-3513-6969，FAX：03-3513-6979，e-mail：info@jcopy.or.jp）の許諾を得てください。

◆ **色彩効果の図解と本文の簡潔な解説により数学の諸概念を一目瞭然化!**

ドイツ Deutscher Taschenbuch Verlag 社の『dtv-Atlas事典シリーズ』は,見開き2ページで1つのテーマが完結するように構成されている。右ページに本文の簡潔で分り易い解説を記載し,かつ左ページにそのテーマの中心的な話題を図像化して表現し,本文と図解の相乗効果で理解をより深められるように工夫されている。これは,他の類書には見られない『dtv-Atlas 事典シリーズ』に共通する最大の特徴と言える。本書は,このシリーズの『dtv-Atlas Mathematik』と『dtv-Atlas Schulmathematik』の日本語翻訳版である。

カラー図解 数学事典

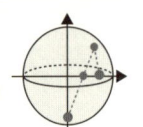

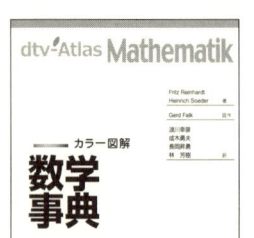

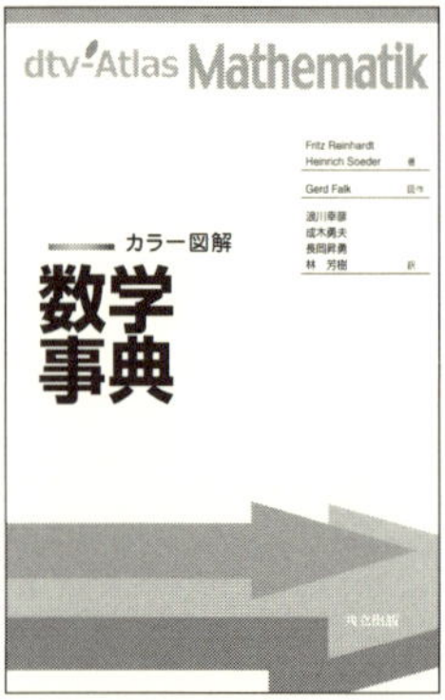

Fritz Reinhardt・Heinrich Soeder [著]
Gerd Falk [図作]
浪川幸彦・成木勇夫・長岡昇勇・林 芳樹 [訳]

数学の最も重要な分野の諸概念を網羅的に収録し,その概観を分り易く提供。数学を理解するためには,繰り返し熟考し,計算し,図を書く必要があるが,本書のカラー図解ページはその助けとなる。

【主要目次】 まえがき／記号の索引／序章／数理論理学／集合論／関係と構造／数系の構成／代数学／数論／幾何学／解析幾何学／位相空間論／代数的位相幾何学／グラフ理論／実解析学の基礎／微分法／積分法／関数解析学／微分方程式論／微分幾何学／複素関数論／組合せ論／確率論と統計学／線形計画法／参考文献／索引／著者紹介／訳者あとがき／訳者紹介

■菊判・ソフト上製本・508頁・定価(本体5,500円+税)■

カラー図解 学校数学事典

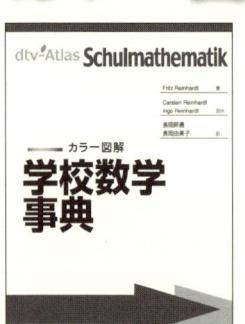

Fritz Reinhardt [著]
Carsten Reinhardt・Ingo Reinhardt [図作]
長岡昇勇・長岡由美子 [訳]

『カラー図解 数学事典』の姉妹編として,日本の中学・高校・大学初年級に相当するドイツ・ギムナジウム第5学年から13学年で学ぶ学校数学の基礎概念を1冊に編纂。定義は青で印刷し,定理や重要な結果は緑色で網掛けし,幾何学では彩色がより効果を上げている。

【主要目次】 まえがき／記号一覧／図表頁凡例／短縮形一覧／学校数学の単元分野／集合論の表現／数集合／方程式と不等式／対応と関数／極限値概念／微分計算と積分計算／平面幾何学／空間幾何学／解析幾何学とベクトル計算／推測統計学／論理学／公式集／参考文献／索引／著者紹介／訳者あとがき／訳者紹介

■菊判・ソフト上製本・296頁・定価(本体4,000円+税)■

http://www.kyoritsu-pub.co.jp/　　共立出版　　(価格は変更される場合がございます)